建筑与市政工程施工现场专业人员职业标准培训教材

劳务员通用与基础知识

（第三版）

中国建设教育协会　组织编写

胡兴福　董慧凝　主　编

中国建筑工业出版社

图书在版编目（CIP）数据

劳务员通用与基础知识／中国建设教育协会组织编写；胡兴福，董慧凝主编. — 3版. — 北京：中国建筑工业出版社，2024.3（2024.10 重印）
建筑与市政工程施工现场专业人员职业标准培训教材
ISBN 978-7-112-28179-4

Ⅰ. ①劳… Ⅱ. ①中… ②胡… ③董… Ⅲ. ①建筑工业－劳务－管理－职业培训－教材 Ⅳ. ①F407.94

中国版本图书馆 CIP 数据核字（2022）第 218110 号

　　住房和城乡建设部颁布的《建筑与市政工程施工现场专业人员职业标准》JGJ/T 250—2011，增设了从事劳务管理的劳务员岗位。在住房和城乡建设部的指导下，根据《建筑与市政工程施工现场专业人员考核评价大纲》的要求，中国建设教育协会组织国内高等院校、建筑企业和行业协会的相关专家编写了本书，作为全国各省（直辖市、自治区）实施《建筑与市政工程施工现场专业人员职业标准》的培训教材。

　　本书主要内容有：建设法规、建筑材料、建筑工程识图、建筑施工技术、施工项目管理、劳动保护的相关规定、流动人口管理的相关规定、信访工作的基本知识、人力资源开发及管理的基本知识、财务管理的基本知识、劳务分包合同的相关知识。

责任编辑：李　慧　李　明　李　杰
责任校对：张辰双

建筑与市政工程施工现场专业人员职业标准培训教材
劳务员通用与基础知识
（第三版）
中国建设教育协会　组织编写
胡兴福　董慧凝　主　编

＊

中国建筑工业出版社出版、发行（北京海淀三里河路9号）
各地新华书店、建筑书店经销
北京红光制版公司制版
廊坊市海涛印刷有限公司印刷

＊

开本：787毫米×1092毫米　1/16　印张：12¼　字数：301千字
2023年3月第三版　　2024年10月第四次印刷
定价：**45.00**元
ISBN 978-7-112-28179-4
（40246）

建筑与市政工程施工现场专业人员职业标准培训教材

编 审 委 员 会

主　任：赵　琦　李竹成

副主任：沈元勤　张鲁风　何志方　胡兴福　危道军
　　　　尤　完　赵　研　邵　华

委　员：（按姓氏笔画为序）

王兰英　王国梁　孔庆璐　邓明胜　艾永祥

艾伟杰　吕国辉　朱吉顶　刘尧增　刘哲生

孙沛平　李　平　李　光　李　奇　李　健

李大伟　杨　苗　时　炜　余　萍　沈　汛

宋岩丽　张　晶　张　颖　张亚庆　张晓艳

张悠荣　张燕娜　陈　曦　陈再捷　金　虹

郑华孚　胡晓光　侯洪涛　贾宏俊　钱大治

徐家华　郭庆阳　韩炳甲　鲁　麟　魏鸿汉

建筑与市政工程施工现场专业人员队伍素质是影响工程质量和安全生产的关键因素。我国从 20 世纪 80 年代开始，在建设行业开展关键岗位培训考核和持证上岗工作。对于提高建设行业从业人员的素质起到了积极的作用。进入本世纪，在改革行政审批制度和转变政府职能的背景下，建设行业教育主管部门转变行业人才工作思路，积极规划和组织职业标准的研发。在住房和城乡建设部人事司的主持下，由中国建设教育协会、苏州二建建筑集团有限公司等单位主编了建设行业的第一部职业标准——《建筑与市政工程施工现场专业人员职业标准》，已由住房和城乡建设部发布，作为行业标准于 2012 年 1 月 1 日起实施。为推动该标准的贯彻落实，进一步编写了配套的 14 个考核评价大纲。

该职业标准及考核评价大纲有以下特点：（1）系统分析各类建筑施工企业现场专业人员岗位设置情况，总结归纳了 8 个岗位专业人员核心工作职责，这些职业分类和岗位职责具有普遍性、通用性。（2）突出职业能力本位原则，工作岗位职责与专业技能相互对应，通过技能训练能够提高专业人员的岗位履职能力。（3）注重专业知识的完整性、系统性，基本覆盖各岗位专业人员的知识要求，通用知识具有各岗位的一致性，基础知识、岗位知识能够体现本岗位的知识结构要求。（4）适应行业发展和行业管理的现实需要，岗位设置、专业技能和专业知识要求具有一定的前瞻性、引导性，能够满足专业人员提高综合素质和适应岗位变化的需要。

为落实职业标准，规范建设行业现场专业人员岗位培训工作，我们依据与职业标准相配套的考核评价大纲，组织编写了《建筑与市政工程施工现场专业人员职业标准培训教材》。

本套教材覆盖《建筑与市政工程施工现场专业人员职业标准》涉及的施工员、质量员、安全员、标准员、材料员、机械员、劳务员、资料员 8 个岗位 14 个考核评价大纲。每个岗位、专业，根据其职业工作的需要，注意精选教学内容、优化知识结构、突出能力要求，对知识、技能经过合理归纳，编写为《通用与基础知识》和《岗位知识与专业技能》两本，供培训配套使用。本套教材共 28 本，作者基本都参与了《建筑与市政工程施工现场专业人员职业标准》的编写，使本套教材的内容能充分体现《建筑与市政工程施工现场专业人员职业标准》的要求，促进现场专业人员专业学习和能力的提高。

第三版教材在上版教材的基础上，面向国家考核评价题库，依据考核评价大纲，总结使用过程中发现的不足之处，参照最新法律法规及现行标准、规范，结合"四新"内容对教材内容进行了调整、修改、补充，使之更加贴近学员需求，方便学员顺利通过培训测试。

我们的编写工作难免存在不足，因此，我们恳请使用本套教材的培训机构、教师和广大学员多提宝贵意见，以便进一步的修订，使其不断完善。

建筑与市政工程施工现场专业人员职业标准培训教材编审委员会

本书是建筑与市政工程施工现场专业人员培训和考试复习统编教材，依据住房和城乡建设部颁布的《建筑与市政工程施工现场专业人员考核评价大纲》编写。

本书具有以下特点：（1）权威性。主编和部分参编人员参加了《建筑与市政工程施工现场专业人员职业标准》《建筑与市政工程施工现场专业人员考核评价大纲》的编写与宣贯，同时聘请了业内权威专家作为审稿人员，四本书能够充分体现执业标准和考核评价大纲的要求。（2）先进性。本书按照有关最新标准、法规和管理规定进行动态修订，吸纳了行业最新发展成果。（3）适应性。本书内容结构与《建筑与市政工程施工现场专业人员考核评价大纲》一一对应，便于组织培训和复习。

本书在第二版基础上按照最新的标准、法律法规、管理规定和行业最新成果进行编写，保持了内容的先进性。

本书全书分为上下两篇。上篇包括五部分内容：建设法规、建筑材料、建筑工程识图、建筑施工技术、施工项目管理。下篇包括劳动保护的相关规定、流动人口管理的相关规定、信访工作的基本知识、人力资源开发及管理的基本知识、财务管理的基本知识、劳务分包合同的相关知识。

本书上篇由四川建筑职业技术学院胡兴福教授、深圳职业技术学院张伟教授修订，胡兴福任主编，其中张伟教授修订建筑施工技术部分，其余部分由胡兴福教授修订。下篇由北方工业大学董慧凝主编，李璐参与文件整理。

贾宏俊教授担任本书主审。

限于编者水平，书中疏漏和错误难免，敬请读者批评指正。

根据国家统计局披露的数据，我国建筑行业劳务作业层面的用工数量达 4400 多万人，这支数千万大军的业务素质和管理状况，直接关系到建筑产品的工程质量和施工安全。因此，以农民工为主体的施工劳务队伍已经成为我国工程建设领域中的一支重要力量。在我国建筑行业由施工总承包企业、专业承包企业、劳务作业分包企业构成的企业组织结构中，无论是公司管理部门、还是项目经理部、现场作业队伍都不同程度地存在着面向施工作业过程进行劳务用工管理的问题。正是因为施工劳务管理的重要性，2011 年 7 月，住房和城乡建设部在发布的《建筑与市政工程施工现场专业人员职业标准》JGJ/T 250—2011 中，专门设置了从事劳务管理的劳务员岗位。

根据《建筑与市政工程施工现场专业人员职业标准考核评价大纲》的要求，在住房和城乡建设部、中国建设教育协会的指导下，我们组织国内高等院校、建筑企业和行业协会的相关专家编写了《劳务员通用与基础知识》一书，作为全国各省（直辖市、自治区）实施《建筑与市政工程施工现场专业人员职业标准》的培训教材。

本教材分为两部分。第一部分的主要内容包括建设法规、建筑材料、建筑工程识图、建筑施工技术、施工项目管理等。该部分由四川建筑职业技术学院胡兴福教授主编，深圳职业技术学院张伟副教授担任副主编。张伟副教授编写建筑施工技术部分，其余部分由胡兴福教授编写，西南石油大学 2011 级硕士研究生郝伟杰参与了该部分的编写工作。第二部分包括劳动保护的相关规定、流动人口管理的相关规定、信访工作的基本知识、人力资源开发及管理的基本知识、财务管理的基本知识、劳务分包合同的相关知识等。该部分由北方工业大学董慧凝教授主编，中建一局集团公司总承包公司尤天翔担任副主编，北方工业大学胡平博士、北京农村商业银行股份有限公司朝阳支行刘丽苹、北京东城区人民法院崔万朋、水利部周京等参加了编写工作。

贾宏俊教授担任本书主审。

在本教材的编写过程中，我们参考了相关专家学者的研究成果和观点，在此一并表示感谢！限于编者水平，书中疏漏和错误难免，敬请读者批评指正。

根据国家统计局披露的数据，我国建筑行业劳务作业层面的用工数量达 4400 多万人，这支数千万大军的业务素质和管理状况，直接关系到建筑产品的工程质量和施工安全。因此，以农民工为主体的施工劳务队伍已经成为我国工程建设领域中的一支重要力量。在我国建筑行业由施工总承包企业、专业承包企业、劳务作业分包企业构成的企业组织结构中，无论是公司管理部门、还是项目经理部、现场作业队伍都不同程度地存在着面向施工作业过程进行劳务用工管理的问题。正是因为施工劳务管理的重要性，2011 年 7 月，住房和城乡建设部在发布的《建筑与市政工程施工现场专业人员职业标准》JGJ/T 250—2011 中，专门设置了从事劳务管理的劳务员岗位。

根据《建筑与市政工程施工现场专业人员职业标准考核评价大纲》的要求，在住房和城乡建设部、中国建设教育协会的指导下，我们组织国内高等院校、建筑企业和行业协会的相关专家编写了《劳务员通用知识和基础知识》一书，作为全国各省（直辖市、自治区）实施《建筑与市政工程施工现场专业人员职业标准》的培训教材。

本教材分为两部分。第一部分的主要内容包括建设法规、建筑材料、建筑工程识图、建筑施工技术、施工项目管理等。该部分由四川建筑职业技术学院胡兴福教授主编，深圳职业技术学院张伟副教授担任副主编。张伟副教授编写建筑施工技术部分，其余部分由胡兴福教授编写，西南石油大学 2011 级硕士研究生郝伟杰参与了该部分的编写工作。第二部分包括劳动保护的相关规定、流动人口管理的相关规定、信访工作的基本知识、人力资源开发及管理的基本知识、财务管理的基本知识、劳务分包合同的相关知识等。该部分由北方工业大学董慧凝教授主编，北京万科企业有限公司尤天翔担任副主编，重庆建工第七建筑工程有限责任公司李洪、北方工业大学刘丽苹、李建立、北京东城区人民法院崔万朋、水利部周京等参加了编写工作。

贾宏俊教授担任本书主审。

在本教材的编写过程中，我们参考了相关专家学者的研究成果和观点，在此一并表示感谢！限于编者水平，书中疏漏和错误难免，敬请读者批评指正。

目　录

目　录

上篇　通　用　知　识

一、建　设　法　规

建设法规是指国家立法机关或其授权的行政机关制定的旨在调整国家及其有关机构、企事业单位、社会团体、公民之间，在建设活动中或建设行政管理活动中发生的各种社会关系的法律、法规的统称。它体现了国家对城市建设、乡村建设、市政及社会公用事业等各项建设活动进行组织、管理、协调的方针、政策和基本原则。

我国建设法规体系由以下五个层次组成。

1. 建设法律

建设法律是指由全国人民代表大会及其常务委员会制定通过，由国家主席以主席令的形式发布的属于国务院建设行政主管部门业务范围的各项法律，如《中华人民共和国建筑法》等。

2. 建设行政法规

建设行政法规是指由国务院制定，经国务院常务委员会审议通过，由国务院总理以中华人民共和国国务院令的形式发布的属于建设行政主管部门主管业务范围的各项法规。建设行政法规的名称常以"条例""办法""规定""规章"等名称出现，如《建设工程质量管理条例》《建设工程安全生产管理条例》等。

3. 建设部门规章

建设部门规章是指住房和城乡建设部根据国务院规定的职责范围，依法制定并颁布的各项规章或由住房和城乡建设部与国务院其他有关部门联合制定并发布的规章，如《实施工程建设强制性标准监督规定》《工程建设项目施工招标投标办法》等。

4. 地方性建设法规

地方性建设法规是指在不与宪法、法律、行政法规相抵触的前提下，由省、自治区、直辖市人民代表大会及其常委会结合本地区实际情况制定颁布发行的或经其批准颁布发行的由下级人大或其常委会制定的，只在本行政区域有效的建设方面的法规。

5. 地方建设规章

地方建设规章是指省、自治区、直辖市人民政府以及省会（自治区首府）城市和经国务院批准的较大城市的人民政府，根据法律和法规制定颁布的，只在本行政区域有效的建设方面的规章。

在建设法规的上述五个层次中,其法律效力从高到低依次为建设法律、建设行政法规、建设部门规章、地方性建设法规、地方建设规章。法律效力高的称为上位法,法律效力低的称为下位法。下位法不得与上位法相抵触,否则其相应规定将被视为无效。

(一)《建筑法》

《中华人民共和国建筑法》(以下简称《建筑法》)于1997年11月1日由中华人民共和国第八届全国人民代表大会常务委员会第二十八次会议通过,于1997年11月1日发布,自1998年3月1日起施行。2011年4月22日,第十一届全国人民代表大会常务委员会第二十次会议根据《关于修改〈中华人民共和国建筑法〉的决定》修改,修改后的《建筑法》自2011年7月1日起施行。

《建筑法》的立法目的在于加强对建筑活动的监督管理,维护建筑市场秩序,保证建筑工程的质量和安全,促进建筑业健康发展。《建筑法》共8章85条,分别从建筑许可、建筑工程发包与承包、建筑工程监理、建筑安全生产管理、建筑工程质量管理等方面作出了规定。

1. 从业资格的有关规定❶

(1)法规相关条文

《建筑法》关于从业资格的条文是第12条、第13条、第14条。

(2)建筑业企业的资质

从事土木工程、建筑工程、线路管道设备安装工程、装修工程的新建、扩建、改建等活动的企业称为建筑业企业。建筑业企业资质,是指建筑业企业的建设业绩、人员素质、管理水平、资金数量、技术装备等的总称。

1)建筑业企业资质序列及类别

建筑业企业资质分为施工综合、施工总承包、专业承包和专业作业四个序列。取得施工综合资质的企业称为施工综合企业。取得施工总承包资质的企业称为施工总承包企业。取得专业承包资质的企业称为专业承包企业。取得专业作业资质的企业称为专业作业企业。

施工综合资质、施工总承包资质、专业承包资质、专业作业资质序列可按照工程性质和技术特点分别划分为若干资质类别,见表1-1。

建筑业企业资质序列、类别及等级   表1-1

序号	资质序列	资质类别	资质等级
1	施工综合资质	不分类别	不分等级
2	施工总承包资质	施工总承包分为13个类别,分别为:建筑工程、公路工程、铁路工程、港口与航道工程、水利水电工程、电力工程、矿山工程、冶金工程、石油化工工程、市政公用工程、通信工程、机电工程、民航工程	分为甲级、乙级2个等级

❶ 该部分内容依据《建筑业企业资质标准(征求意见稿)》编写。

3

序号	资质序列	资质类别	资质等级
3	专业承包资质	专业承包分为18个类别，分别为：地基基础工程、起重设备安装工程、预拌混凝土、建筑机电工程、消防设施工程、防水防腐保温工程、桥梁工程、隧道工程、模板脚手架、建筑装修装饰工程、古建筑工程、公路工程类、铁路电务电气化工程、港口与航道工程类、水利水电工程类、输变电工程、核工程、通用专业承包	预拌混凝土、模板脚手架、通用专业承包3个类别不分等级，其余分为甲级、乙级2个等级
4	专业作业资质	不分类别	不分等级

2）建筑业企业资质等级

建筑业企业资质等级，是指国务院行政主管部门按企业资质条件把企业划分成的不同等级。

施工综合资质不分等级，施工总承包资质分为甲级、乙级两个等级，专业承包资质一般分为甲级、乙级两个等级（部分专业不分等级），专业作业资质不分等级，见表1-1。

3）承揽业务的范围

① 施工综合企业和施工总承包企业

施工综合企业和施工总承包企业可以承接施工总承包工程。对所承接的施工总承包工程的各专业工程，可以全部自行施工，也可以将专业工程依法进行分包，但应分包给具有相应专业承包资质的企业。施工综合企业和施工总承包企业将专业作业进行分包时，应分包给具有专业作业资质的企业。

施工综合企业可承担各类工程的施工总承包、项目管理业务。各类别等级资质施工总承包企业承包工程的具体范围见《建筑业企业资质标准》，其中建筑工程、市政公用工程施工总承包企业承包工程范围分别见表1-2、表1-3。所谓建筑工程是指各类结构形式的民用建筑工程、工业建筑工程、构筑物工程以及相配套的道路、通信、管网管线等设施工程，工程内容包括地基与基础、主体结构、建筑屋面、装修装饰、建筑幕墙、附建人防工程以及给水排水及供暖、通风与空调、电气、消防、防雷等配套工程；市政公用工程包括给水工程、排水工程、燃气工程、热力工程、道路工程、桥梁工程、城市隧道工程（含城市规划区内的穿山过江隧道、地铁隧道、地下交通工程、地下过街通道）、公共交通工程、轨道交通工程、环境卫生工程、照明工程、绿化工程。

建筑工程施工总承包企业承包工程范围　　　　　　　　　　　　表 1-2

序号	企业资质	承包工程范围
1	甲级	可承担各类建筑工程的施工总承包、工程项目管理
2	乙级	可承担下列建筑工程的施工： （1）高度100m以下的工业、民用建筑工程； （2）高度120m以下的构筑物工程； （3）建筑面积15万 m² 以下的建筑工程； （4）单项建安合同额1.5亿元以下的建筑工程

注：表中"以下"包含本数。

4

市政公用工程施工总承包企业承包工程范围

表 1-3

序号	企业资质	承包工程范围
1	甲级	可承担各类市政公用工程的施工
2	乙级	可承担下列市政公用工程的施工： (1) 各类城市道路；单跨 45m 以下的城市桥梁； (2) 15 万 t/d 以下的供水工程；10 万 t/d 以下的污水处理工程；25 万 t/d 以下的给水泵站、15 万 t/d 以下的污水泵站、雨水泵站；各类给水排水及中水管道工程； (3) 中压以下燃气管道、调压站；供热面积 150 万 m^2 以下热力工程和各类热力管道工程； (4) 各类城市生活垃圾处理工程； (5) 断面 25m^2 以下隧道工程和地下交通工程； (6) 各类城市广场、地面停车场硬质铺装

注：表中"以下"包含本数。

② 专业承包企业

设有专业承包资质的专业工程单独发包时，应由取得相应专业承包资质的企业承担。专业承包企业可以承接具有施工综合资质和施工总承包资质的企业依法分包的专业工程或建设单位依法发包的专业工程。对所承接的专业工程，可以全部自行组织施工，也可以将专业作业依法分包，但应分包给具有专业作业资质的企业。

各类别等级资质专业承包企业承包工程的具体范围见《建筑业企业资质标准》，其中，与建筑工程、市政公用工程相关性较高的专业承包企业承包工程的范围见表 1-4。

部分专业承包企业承包工程范围

表 1-4

序号	企业类别	资质等级	承包工程范围
1	地基基础工程专业承包	甲级	可承担各类地基基础工程的施工
		乙级	可承担下列工程的施工： (1) 高度 100m 以下工业、民用建筑工程和高度 120m 以下构筑物的地基基础工程； (2) 深度 24m 以下的刚性桩复合地基处理和深度 10m 以下的其他地基处理工程； (3) 单桩承受设计荷载 5000kN 以下的桩基础工程； (4) 开挖深度 15m 以下的基坑围护工程
2	预拌混凝土专业承包	不分等级	可生产各种强度等级的混凝土和特种混凝土
3	建筑机电工程专业承包	甲级	可承担各类建筑工程项目的设备、线路、管道的安装，35kV 以下变配电站工程，非标准钢结构件的制作、安装；各类城市与道路照明工程的施工；各类型电子工程、建筑智能化工程施工
		乙级	可承担单项合同额 2000 万元以下的各类建筑工程项目的设备、线路、管道的安装，10kV 以下变配电站工程，非标准钢结构件的制作、安装；单项合同额 1500 万元以下的城市与道路照明工程的施工；单项合同额 2500 万元以下的电子工业制造设备安装工程和电子工业环境工程、单项合同额 1500 万元以下的电子系统工程和建筑智能化工程施工

序号	企业类别	资质等级	承包工程范围
4	消防设施工程专业承包	甲级	可承担各类消防设施工程的施工
		乙级	可承担建筑面积5万 m² 以下的下列消防设施工程的施工： （1）一类高层民用建筑以外的民用建筑； （2）火灾危险性丙类以下的厂房、仓库、储罐、堆场
5	模板脚手架专业承包	不分等级	可承担各类模板、脚手架工程的设计、制作、安装、施工
6	建筑装修装饰工程专业承包	甲级	可承担各类建筑装修装饰工程，以及与装修工程直接配套的其他工程的施工；各类型的建筑幕墙工程的施工
		乙级	可承担单项合同额3000万元以下的建筑装修装饰工程，以及与装修工程直接配套的其他工程的施工；单体建筑工程幕墙面积15000m² 以下建筑幕墙工程的施工
7	古建筑工程专业承包	甲级	可承担各类仿古建筑、历史古建筑修缮工程的施工
		乙级	可承担建筑面积3000m² 以下的仿古建筑工程或历史建筑修缮工程的施工
8	通用专业承包资质	不分等级	可承担建筑工程中除建筑装修装饰工程、建筑机电工程、地基基础工程等专业承包工程外的其他专业承包工程的施工

注：表中"以下"包含本数。

③ 专业作业企业

专业作业企业可以承接具有施工综合资质、施工总承包资质和专业承包资质的企业分包的专业作业。

2. 建筑安全生产管理的有关规定

（1）法规相关条文

《建筑法》关于建筑安全生产管理的条文是第36条～第51条，其中有关建筑施工企业的条文是第36条、第38条、第39条、第41条、第44条～第48条、第51条。

（2）建筑安全生产管理方针

建筑安全生产管理是指建设行政主管部门、建筑安全监督管理机构、建筑施工企业及有关单位对建筑生产过程中的安全工作，进行计划、组织、指挥、控制、监督等一系列的管理活动。

《建筑法》第36条规定：建筑工程安全生产管理必须坚持"安全第一、预防为主"的方针。

安全生产关系到人民群众生命和财产安全，关系到社会稳定和经济健康发展，建设工程安全生产管理必须坚持"安全第一、预防为主"的方针。"安全第一"是安全生产方针的基础；"预防为主"是安全生产方针的核心和具体体现，是实现安全生产的根本途径，生产必须安全，安全促进生产。

"安全第一"，是从保护和发展生产力的角度，表明在生产范围内安全与生产的关系，肯定安全在建筑生产活动中的首要位置和重要性。"预防为主"，是指在建设工程生产活动中，针对建设工程生产的特点，对生产要素采取管理措施，有效地控制不安全因素的发展与扩大,把可能发生的事故消灭在萌芽状态,以保证生产活动中人的安全、健康及财物安全。

"安全第一"还反映了当安全与生产发生矛盾的时候,应该服从安全,消灭隐患,保证建设工程在安全的条件下生产。"预防为主"则体现在事先策划、事中控制、事后总结,通过信息收集,归类分析,制定预案,控制防范。"安全第一、预防为主"的方针,体现了国家在建设工程安全生产过程中"以人为本"的思想,也体现了国家对保护劳动者权利、保护社会生产力的高度重视。

(3) 建设工程安全生产基本制度

1) 安全生产责任制度

安全生产责任制度是将企业各级负责人、各职能机构及其工作人员和各岗位作业人员在安全生产方面应做的工作及应负的责任加以明确规定的一种制度。

《建筑法》第 36 条规定:建筑工程安全生产管理必须建立健全安全生产的责任制度。第 44 条规定:建筑施工企业必须依法加强对建筑安全生产的管理,执行安全生产责任制度,采取有效措施,防止伤亡和其他安全生产事故的发生。建筑施工企业的法定代表人对本企业的安全生产负责。

安全生产责任制度是建筑生产中最基本的安全管理制度,是所有安全规章制度的核心,是"安全第一、预防为主"方针的具体体现。通过制定安全生产责任制,建立一种分工明确、运行有效、责任落实、能够充分发挥作用的、长效的安全生产机制,把安全生产工作落到实处。认真落实安全生产责任制,不仅是为了保证在发生生产安全事故时,可以追究责任,更重要的是通过日常或定期检查、考核,奖优罚劣,提高全体从业人员执行安全生产责任制的自觉性,使安全生产责任制真正落实到安全生产工作中去。

建筑施工单位的安全生产责任制主要包括企业各级领导人员的安全职责、企业各有关职能部门的安全生产职责以及施工现场管理人员及作业人员的安全职责三个方面。

2) 群防群治制度

群防群治制度是职工群众进行预防和治理安全的一种制度。

《建筑法》第 36 条规定:建筑工程安全生产管理必须建立健全群防群治制度。

群防群治制度也是"安全第一、预防为主"的具体体现,同时也是群众路线在安全工作中的具体体现,是企业进行民主管理的重要内容。这一制度要求建筑企业职工在施工中应当遵守有关生产的法律、法规和建筑行业安全规章、规程,不得违章作业;对于危及生命安全和身体健康的行为有权提出批评、检举和控告。

3) 安全生产教育培训制度

安全生产教育培训制度是对广大建筑干部职工进行安全教育培训,提高安全意识,增加安全知识和技能的制度。

《建筑法》第 46 条规定:建筑施工企业应当建立健全劳动安全生产教育培训制度,加强对职工安全生产的教育培训;未经安全生产教育培训的人员,不得上岗作业。

安全生产,人人有责。只有通过对广大职工进行安全教育、培训,才能使广大职工真正认识到安全生产的重要性、必要性,才能使广大职工掌握更多更有效的安全生产的科学技术知识,牢固树立安全第一的思想,自觉遵守各项安全生产规章制度。

4) 伤亡事故处理报告制度

伤亡事故处理报告制度是指施工中发生事故时，建筑企业应当采取紧急措施减少人员伤亡和事故损失，并按照国家有关规定及时向有关部门报告的制度。

《建筑法》第51条规定：施工中发生事故时，建筑施工企业应当采取紧急措施减少人员伤亡和事故损失，并按照国家有关规定及时向有关部门报告。

事故处理必须遵循一定的程序，做到"四不放过"，即事故原因不清不放过、事故责任者和群众没有受到教育不放过、事故隐患不整改不放过、事故的责任者没有受到处理不放过。通过对事故的严格处理，可以总结出教训，为制定规程、规章提供第一手素材，做到亡羊补牢。

5）安全生产检查制度

安全生产检查制度是上级管理部门或企业自身对安全生产状况进行定期或不定期检查的制度。

安全检查制度是安全生产的保障。通过检查可以发现问题，查出隐患，从而采取有效措施，堵塞漏洞，把事故消灭在发生之前，做到防患于未然，是"预防为主"的具体体现。通过检查，还可总结出好的经验加以推广，为进一步搞好安全工作打下基础。

6）安全责任追究制度

建设单位、设计单位、施工单位、监理单位，由于没有履行职责造成人员伤亡和事故损失的，视情节给予相应处理；情节严重的，责令停业整顿，降低资质等级或吊销资质证书；构成犯罪的，依法追究刑事责任。

（4）建筑施工企业的安全生产责任

《建筑法》第38条、第39条、第41条、第44条～第48条、第51条规定了建筑施工企业的安全生产责任。根据这些规定，《建设工程质量管理条例》等法规作了进一步细化和补充，具体见《建设工程质量管理条例》部分相关内容。

3. 《建筑法》关于质量管理的规定

（1）法规相关条文

《建筑法》关于质量管理的条文是第52条～第63条，其中有关建筑施工企业的条文是第52条、第54条、第55条、第58条～第62条。

（2）建设工程竣工验收制度

《建筑法》第61条规定：交付竣工验收的建筑工程，必须符合规定的建筑工程质量标准，有完整的工程技术经济资料和经签署的工程保修书，并具备国家规定的其他竣工条件。建筑工程竣工经验收合格后，方可交付使用；未经验收或者验收不合格的，不得交付使用。

建设工程项目的竣工验收，指在建筑工程已按照设计要求完成全部施工任务，准备交付给建设单位投入使用时，由建设单位或有关主管部门依照国家关于建筑工程竣工验收制度的规定，对该项工程是否符合设计要求和工程质量标准所进行的检查、考核工作。工程项目的竣工验收是施工全过程的最后一道工序，也是工程项目管理的最后一项工作。它是建设投资成果转入生产或使用的标志，也是全面考核投资效益、检验设计和施工质量的重要环节。认真做好工程项目的竣工验收工作，对保证工程项目的质量具有重要意义。

（3）建设工程质量保修制度

建设工程质量保修制度，是指建设工程竣工经验收后，在规定的保修期限内，因勘察、设计、施工、材料等原因造成的质量缺陷，应当由施工承包单位负责维修、返工或更换，由责任单位负责赔偿损失的法律制度。建设工程质量保修制度对于促进建设各方加强质量管理，保护用户及消费者的合法权益可起到重要的保障作用。

《建筑法》第62条规定：建筑工程实行质量保修制度。同时，还对质量保修的范围和期限作了规定：建筑工程的保修范围应当包括地基基础工程、主体结构工程、屋面防水工程和其他土建工程，以及电气管线、上下水管线的安装工程，供热、供冷系统工程等项目；保修的期限应当按照保证建筑物合理寿命年限内正常使用、维护使用者合法权益的原则确定。具体的保修范围和最低保修期限由国务院规定。据此，国务院在《建设工程质量管理条例》中作了明确规定，详见《建设工程质量管理条例》相关内容。

（4）建筑施工企业的质量责任与义务

《建筑法》第54条、第55条、第58条～第62条规定了建筑施工企业的质量责任与义务。据此，《建设工程质量管理条例》作了进一步细化，见《建设工程质量管理条例》部分相关内容。

（二）《安全生产法》

《中华人民共和国安全生产法》（以下简称《安全生产法》）由第九届全国人民代表大会常务委员会第二十八次会议于2002年6月29日通过，自2002年11月1日起施行。根据2021年6月10日第十三届全国人民代表大会常务委员会第二十九次会议《全国人民代表大会常务委员会关于修改〈中华人民共和国安全生产法〉的决定》第三次修正，修正后的《安全生产法》自2021年9月1日起施行。

《安全生产法》的立法目的，是为了加强安全生产工作，防止和减少生产安全事故，保障人民群众生命和财产安全，促进经济社会持续健康发展。《安全生产法》包括总则、生产经营单位的安全生产保障、从业人员的安全生产权利义务、安全生产的监督管理、生产安全事故的应急救援与调查处理、法律责任、附则7章，共119条。对生产经营单位的安全生产保障、从业人员的安全生产权利和义务、安全生产的监督管理、生产安全事故的应急救援与调查处理四个主要方面作出了规定。

1. 生产经营单位的安全生产保障的有关规定

（1）法规相关条文

《安全生产法》关于生产经营单位的安全生产保障的条文是第20条～第51条。

（2）组织保障措施

1）建立安全生产管理机构

《安全生产法》第24条规定：矿山、金属冶炼、建筑施工、运输单位和危险物品的生产、经营、储存单位，应当设置安全生产管理机构或者配备专职安全生产管理人员。

2）明确岗位责任

① 生产经营单位的主要负责人的职责

生产经营单位是指从事生产或者经营活动的企业、事业单位、个体经济组织及其他组织和个人。主要负责人是指生产经营单位内对生产经营活动负有决策权并能承担法律责任的人，包括法定代表人、实际控制人、总经理、经理、厂长等。《安全生产法》第5条规定：生产经营单位的主要负责人是本单位安全生产第一责任人，对本单位安全生产工作全面负责。

《安全生产法》第21条规定：生产经营单位的主要负责人对本单位安全生产工作负有下列职责：

A. 建立健全并落实本单位安全生产责任制加强安全生产标准化建设；

B. 组织制定并实施本单位安全生产规章制度和操作规程；

C. 组织制定并实施本单位安全生产教育和培训计划；

D. 保证本单位安全生产投入的有效实施；

E. 组织建立并落实安全风险分级管控和隐患排查治理双重预防工作机制，督促、检查本单位的安全生产工作，及时消除生产安全事故隐患；

F. 组织制定并实施本单位的生产安全事故应急救援预案；

G. 及时、如实报告生产安全事故。

同时，《安全生产法》第50条规定：生产经营单位发生生产安全事故时，单位的主要负责人应当立即组织抢救，并不得在事故调查处理期间擅离职守。

② 生产经营单位的安全生产管理人员的职责

《安全生产法》第46条规定：生产经营单位的安全生产管理人员应当根据本单位的生产经营特点，对安全生产状况进行经常性检查；对检查中发现的安全问题，应当立即处理；不能处理的，应当及时报告本单位有关负责人，有关负责人应当及时处理。检查及处理情况应当如实记录在案。

③ 对安全设施、设备的质量负责的岗位

A. 对安全设施的设计质量负责的岗位

《安全生产法》第33条规定：建设项目安全设施的设计人、设计单位应当对安全设施设计负责。

矿山、金属冶炼建设项目和用于生产、储存、装卸危险物品的建设项目的安全设施设计应当按照国家有关规定报经有关部门审查，审查部门及其负责审查的人员对审查结果负责。

B. 对安全设施的施工负责的岗位

《安全生产法》第34条规定：矿山、金属冶炼建设项目和用于生产、储存、装卸危险物品的建设项目的施工单位必须按照批准的安全设施设计施工，并对安全设施的工程质量负责。

C. 对安全设施的竣工验收负责的岗位

《安全生产法》第34条规定：矿山、金属冶炼建设项目和用于生产、储存危险物品的建设项目竣工投入生产或者使用前，应当由建设单位负责组织对安全设施进行验收；验收合格后，方可投入生产和使用。负有安全生产监督管理职责的部门应当加强对建设单位验收活动和验收结果的监督核查。

D. 对安全设备质量负责的岗位

《安全生产法》第37条规定：生产经营单位使用的危险物品的容器、运输工具，以及

10

涉及人身安全、危险性较大的海洋石油开采特种设备和矿山井下特种设备，必须按照国家有关规定，由专业生产单位生产，并经具有专业资质的检测、检验机构检测、检验合格，取得安全使用证或者安全标志，方可投入使用。检测、检验机构对检测、检验结果负责。

（3）管理保障措施

1）人力资源管理

① 对主要负责人和安全生产管理人员的管理

《安全生产法》第27条规定：生产经营单位的主要负责人和安全生产管理人员必须具备与本单位所从事的生产经营活动相应的安全生产知识和管理能力。

危险物品的生产、经营、储存、装卸单位以及矿山、金属冶炼、建筑施工、运输单位的主要负责人和安全生产管理人员，应当由主管的负有安全生产监督管理职责的部门对其安全生产知识和管理能力考核合格。考核不得收费。

② 对一般从业人员的管理

《安全生产法》第28条规定：生产经营单位应当对从业人员进行安全生产教育和培训，保证从业人员具备必要的安全生产知识，熟悉有关的安全生产规章制度和安全操作规程，掌握本岗位的安全操作技能，了解事故应急处理措施，知悉自身在安全生产方面的权利和义务。未经安全生产教育和培训合格的从业人员，不得上岗作业。

生产经营单位使用被派遣劳动者的，应当将被派遣劳动者纳入本单位从业人员统一管理，对被派遣劳动者进行岗位安全操作规程和安全操作技能的教育和培训。

劳务派遣单位应当对被派遣劳动者进行必要的安全生产教育和培训。

③ 对特种作业人员的管理

《安全生产法》第30条规定：生产经营单位的特种作业人员必须按照国家有关规定经专门的安全作业培训，取得相应资格，方可上岗作业。

2）物力资源管理

① 设备的日常管理

《安全生产法》第35条规定：生产经营单位应当在有较大危险因素的生产经营场所和有关设施、设备上，设置明显的安全警示标志。

《安全生产法》第36条规定：安全设备的设计、制造、安装、使用、检测、维修、改造和报废，应当符合国家标准或者行业标准。

生产经营单位必须对安全设备进行经常性维护、保养，并定期检测，保证正常运转。维护、保养、检测应当作好记录，并由有关人员签字。

② 设备的淘汰制度

《安全生产法》第38条规定：国家对严重危及生产安全的工艺、设备实行淘汰制度，具体目录由国务院应急管理部门会同国务院有关部门制定并公布。省、自治区、直辖市人民政府可以根据本地区实际情况制定并公布具体目录。生产经营单位不得使用应当淘汰的危及生产安全的工艺、设备。

③ 生产经营项目、场所、设备的转让管理

《安全生产法》第49条规定：生产经营单位不得将生产经营项目、场所、设备发包或者出租给不具备安全生产条件或者相应资质的单位或者个人。

④ 生产经营项目、场所的协调管理

《安全生产法》第49条规定：生产经营项目、场所发包或者出租给其他单位的，生产经营单位应当与承包单位、承租单位签订专门的安全生产管理协议，或者在承包合同、租赁合同中约定各自的安全生产管理职责；生产经营单位对承包单位、承租单位的安全生产工作统一协调、管理，定期进行安全检查，发现安全问题的，应当及时督促整改。

（4）经济保障措施

1）保证安全生产所必需的资金

《安全生产法》第23条规定：生产经营单位应当具备的安全生产条件所必需的资金投入，由生产经营单位的决策机构、主要负责人或者个人经营的投资人予以保证，并对由于安全生产所必需的资金投入不足导致的后果承担责任。

2）保证安全设施所需要的资金

《安全生产法》第31条规定：生产经营单位新建、改建、扩建工程项目的安全设施，必须与主体工程同时设计、同时施工、同时投入生产和使用。安全设施投资应当纳入建设项目概算。

3）保证劳动防护用品、安全生产培训所需要的资金

《安全生产法》第45条规定：生产经营单位必须为从业人员提供符合国家标准或者行业标准的劳动防护用品，并监督、教育从业人员按照使用规则佩戴、使用。

《安全生产法》第47条规定：生产经营单位应当安排用于配备劳动防护用品、进行安全生产培训的经费。

4）保证工伤社会保险所需要的资金

《安全生产法》第51条规定：生产经营单位必须依法参加工伤社会保险，为从业人员缴纳保险费。

（5）技术保障措施

1）对新工艺、新技术、新材料或者使用新设备的管理

《安全生产法》第29条规定：生产经营单位采用新工艺、新技术、新材料或者使用新设备，必须了解、掌握其安全技术特性，采取有效的安全防护措施，并对从业人员进行专门的安全生产教育和培训。

2）对安全条件论证和安全评价的管理

《安全生产法》第32条规定：矿山、金属冶炼建设项目和用于生产、储存、装卸危险物品的建设项目，应当按照国家有关规定由具有相应资质的安全评估机构进行安全评价。

3）对废弃危险物品的管理

危险物品是指易燃易爆物品、危险化学品、放射性物品等能够危及人身安全和财产安全的物品。

《安全生产法》第39条规定：生产、经营、运输、储存、使用危险物品或者处置废弃危险物品的，由有关主管部门依照有关法律、法规的规定和国家标准或者行业标准审批并实施监督管理。

生产经营单位生产、经营、运输、储存、使用危险物品或者处置废弃危险物品，必须执行有关法律、法规和国家标准或者行业标准，建立专门的安全管理制度，采取可靠的安全措施，接受有关主管部门依法实施的监督管理。

4）对重大危险源的管理

12

重大危险源是指长期地或者临时地生产、搬运、使用或者储存危险物品，且危险物品的数量等于或者超过临界量的单元（包括场所和设施）。

《安全生产法》第40条规定：生产经营单位对重大危险源应当登记建档，进行定期检测、评估、监控，并制定应急预案，告知从业人员和相关人员在紧急情况下应当采取的应急措施。

生产经营单位应当按照国家有关规定将本单位重大危险源及有关安全措施、应急措施报有关地方人民政府应急管理部门和有关部门备案。

5）对员工宿舍的管理

《安全生产法》第42条规定：生产、经营、储存、使用危险物品的车间、商店、仓库不得与员工宿舍在同一座建筑物内，并应当与员工宿舍保持安全距离。

生产经营场所和员工宿舍应当设有符合紧急疏散要求、标志明显、保持畅通的出口、疏散通道。禁止占用、锁闭、封堵生产经营场所或者员工宿舍的出口、疏散通道。

6）对危险作业的管理

《安全生产法》第43条规定：生产经营单位进行爆破、吊装、动火、临时用电以及国务院应急管理部门会同国务院有关部门规定的其他危险作业，应当安排专门人员进行现场安全管理，确保操作规程的遵守和安全措施的落实。

7）对安全生产操作规程的管理

《安全生产法》第44条规定：生产经营单位应当教育和督促从业人员严格执行本单位的安全生产规章制度和安全操作规程；并向从业人员如实告知作业场所和工作岗位存在的危险因素、防范措施以及事故应急措施。

8）对施工现场的管理

《安全生产法》第48条规定：两个以上生产经营单位在同一作业区域内进行生产经营活动，可能危及对方生产安全的，应当签订安全生产管理协议，明确各自的安全生产管理职责和应当采取的安全措施，并指定专职安全生产管理人员进行安全检查与协调。

2. 从业人员的安全生产权利义务的有关规定

（1）法规相关条文

《安全生产法》关于从业人员的安全生产权利义务的条文是第28条、第45条、第52条～第61条。

（2）安全生产中从业人员的权利

生产经营单位的从业人员，是指该单位从事生产经营活动各项工作的所有人员，包括管理人员、技术人员和各岗位的工人，也包括生产经营单位临时聘用的人员。

生产经营单位的从业人员依法享有以下权利：

1）知情权

《安全生产法》第53条规定：生产经营单位的从业人员有权了解其作业场所和工作岗位存在的危险因素、防范措施及事故应急措施，有权对本单位的安全生产工作提出建议。

2）批评权和检举、控告权

《安全生产法》第54条规定：从业人员有权对本单位安全生产工作中存在的问题提出批评、检举、控告。

3）拒绝权

《安全生产法》第 54 条规定：从业人员有权拒绝违章指挥和强令冒险作业。生产经营单位不得因从业人员对本单位安全生产工作提出批评、检举、控告或者拒绝违章指挥、强令冒险作业而降低其工资、福利等待遇或者解除与其订立的劳动合同。

4）紧急避险权

《安全生产法》第 55 条规定：从业人员发现直接危及人身安全的紧急情况时，有权停止作业或者在采取可能的应急措施后撤离作业场所。生产经营单位不得因从业人员在前款紧急情况下停止作业或者采取紧急撤离措施而降低其工资、福利等待遇或者解除与其订立的劳动合同。

5）请求赔偿权

《安全生产法》第 56 条规定：因生产安全事故受到损害的从业人员，除依法享有工伤保险外，依照有关民事法律尚有获得赔偿的权利的，有权提出赔偿要求。

《安全生产法》第 52 条规定：生产经营单位与从业人员订立的劳动合同，应当载明有关保障从业人员劳动安全、防止职业危害的事项，以及依法为从业人员办理工伤保险的事项。生产经营单位不得以任何形式与从业人员订立协议，免除或者减轻其对从业人员因生产安全事故伤亡依法应承担的责任。

6）获得劳动防护用品的权利

《安全生产法》第 45 条规定：生产经营单位必须为从业人员提供符合国家标准或者行业标准的劳动防护用品，并监督、教育从业人员按照使用规则佩戴、使用。

7）获得安全生产教育和培训的权利

《安全生产法》第 28 条规定：生产经营单位应当对从业人员进行安全生产教育和培训，保证从业人员具备必要的安全生产知识，熟悉有关的安全生产规章制度和安全操作规程，掌握本岗位的安全操作技能，了解事故应急处理措施，知悉自身在安全生产方面的权利和义务。

（3）安全生产中从业人员的义务

1）自律遵规的义务

《安全生产法》第 57 条规定：从业人员在作业过程中，应当严格落实岗位安全生产责任，遵守本单位的安全生产规章制度和操作规程，服从管理，正确佩戴和使用劳动防护用品。

2）自觉学习安全生产知识的义务

《安全生产法》第 58 条规定：从业人员应当接受安全生产教育和培训，掌握本职工作所需的安全生产知识，提高安全生产技能，增强事故预防和应急处理能力。

3）危险报告义务

《安全生产法》第 59 条规定：从业人员发现事故隐患或者其他不安全因素，应当立即向现场安全生产管理人员或者本单位负责人报告；接到报告的人员应当及时予以处理。

3. 安全生产监督管理的有关规定

（1）法规相关条文

《安全生产法》关于安全生产监督管理的条文是第 62 条～第 78 条。

（2）安全生产监督管理部门

14

根据《安全生产法》第9条规定，国务院应急管理部门对全国安全生产工作实施综合监督管理。国务院交通运输、住房和城乡建设、水利、民航等有关部门在各自的职责范围内对有关行业、领域的安全生产工作实施监督管理。

（3）安全生产监督管理措施

《安全生产法》第63条规定：负有安全生产监督管理职责的部门依照有关法律、法规的规定，对涉及安全生产的事项需要审查批准（包括批准、核准、许可、注册、认证、颁发证照等，下同）或者验收的，必须严格依照有关法律、法规和国家标准或者行业标准规定的安全生产条件和程序进行审查；不符合有关法律、法规和国家标准或者行业标准规定的安全生产条件的，不得批准或者验收通过。对未依法取得批准或者验收合格的单位擅自从事有关活动的，负责行政审批的部门发现或者接到举报后应当立即予以取缔，并依法予以处理。对已经依法取得批准的单位，负责行政审批的部门发现其不再具备安全生产条件的，应当撤销原批准。

（4）安全生产监督管理部门的职权

《安全生产法》第65条规定：应急管理部门和其他负有安全生产监督管理职责的部门依法开展安全生产行政执法工作，对生产经营单位执行有关安全生产的法律、法规和国家标准或者行业标准的情况进行监督检查，行使以下职权：

1）进入生产经营单位进行检查，调阅有关资料，向有关单位和人员了解情况。

2）对检查中发现的安全生产违法行为，当场予以纠正或者要求限期改正；对依法应当给予行政处罚的行为，依照本法和其他有关法律、行政法规的规定作出行政处罚决定。

3）对检查中发现的事故隐患，应当责令立即排除；重大事故隐患排除前或者排除过程中无法保证安全的，应当责令从危险区域内撤出作业人员，责令暂时停产停业或者停止使用相关设施、设备；重大事故隐患排除后，经审查同意，方可恢复生产经营和使用。

4）对有根据认为不符合保障安全生产的国家标准或者行业标准的设施、设备、器材以及违法生产、储存、使用、经营、运输的危险物品予以查封或者扣押，对违法生产、储存、使用、经营危险物品的作业场所予以查封，并依法作出处理决定。

监督检查不得影响被检查单位的正常生产经营活动。

（5）安全生产监督检查人员的义务

《安全生产法》第67条规定了安全生产监督检查人员的义务：

1）应当忠于职守，坚持原则，秉公执法；

2）执行监督检查任务时，必须出示有效的行政执法证件；

3）对涉及被检查单位的技术秘密和业务秘密，应当为其保密。

4. 安全事故应急救援与调查处理的规定

（1）法规相关条文

《安全生产法》关于生产安全事故的应急救援与调查处理的条文是第79条～第89条。

（2）生产安全事故的等级划分标准

生产安全事故是指在生产经营活动中造成人身伤亡（包括急性工业中毒）或者直接经济损失的事故。国务院《生产安全事故报告和调查处理条例》规定，根据生产安全事故（以下简称事故）造成的人员伤亡或者直接经济损失，事故一般分为以下等级：

1）特别重大事故，是指造成 30 人及以上死亡，或者 100 人及以上重伤（包括急性工业中毒，下同），或者 1 亿元及以上直接经济损失的事故；

2）重大事故，是指造成 10 人及以上 30 人以下死亡，或者 50 人及以上 100 人以下重伤，或者 5000 万元及以上 1 亿元以下直接经济损失的事故；

3）较大事故，是指造成 3 人及以上 10 人以下死亡，或者 10 人及以上 50 人以下重伤，或者 1000 万元及以上 5000 万元以下直接经济损失的事故；

4）一般事故，是指造成 3 人以下死亡，或者 10 人以下重伤，或者 1000 万元以下直接经济损失的事故。

（3）生产安全事故报告

《安全生产法》第 83 条规定，生产经营单位发生生产安全事故后，事故现场有关人员应当立即报告本单位负责人。单位负责人接到事故报告后，应当按照国家有关规定立即如实报告当地负有安全生产监督管理职责的部门，不得隐瞒不报、谎报或者迟报，不得故意破坏事故现场、毁灭有关证据。第 84 条规定：负有安全生产监督管理职责的部门接到事故报告后，应当立即按照国家有关规定上报事故情况。负有安全生产监督管理职责的部门和有关地方人民政府对事故情况不得隐瞒不报、谎报或者迟报。《关于进一步强化安全生产责任落实坚决防范遏制重特大事故的若干措施》要求，严格落实事故直报制度，生产安全事故隐瞒不报，谎报或者拖延不报的，对直接责任人和负有管理和领导责任的人员依规依纪依法从严追究责任。

《建设工程安全生产管理条例》进一步规定，施工单位发生生产安全事故，应当按照国家有关伤亡事故报告和调查处理的规定，及时、如实地向负责安全生产监督管理的部门、建设行政主管部门或者其他有关部门报告；特种设备发生事故的，还应当同时向特种设备安全监督管理部门报告。实行施工总承包的建设工程，由总承包单位负责上报事故。

（4）应急抢救工作

《安全生产法》第 83 条规定，单位负责人接到事故报告后，应当迅速采取有效措施，组织抢救，防止事故扩大，减少人员伤亡和财产损失。第 85 条规定，有关地方人民政府和负有安全生产监督管理职责的部门的负责人接到生产安全事故报告后，应当按照生产安全事故应急救援预案的要求立即赶到事故现场，组织事故抢救。

（5）事故的调查

《安全生产法》第 86 条规定：事故调查处理应当按照科学严谨、依法依规、实事求是、注重实效的原则，及时、准确地查清事故原因，查明事故性质和责任，评估应急处置工作总结事故教训，提出整改措施，并对事故责任者提出处理建议。

《生产安全事故报告和调查处理条例》规定了事故调查的管辖：特别重大事故由国务院或者国务院授权有关部门组织事故调查组进行调查；重大事故、较大事故、一般事故分别由事故发生地省级人民政府、设区的市级人民政府、县级人民政府负责调查。省级人民政府、设区的市级人民政府、县级人民政府可以直接组织事故调查组进行调查，也可以授权或者委托有关部门组织事故调查组进行调查。未造成人员伤亡的一般事故，县级人民政府也可以委托事故发生单位组织事故调查组进行调查。上级人民政府认为必要时，可以调查由下级人民政府负责调查的事故。特别重大事故以下等级事故，事故发生地与事故发生单位不在同一个县级以上行政区域的，由事故发生地人民政府负责调查，事故发生单位所在地人民政府应当派人参加。

（三）《建设工程安全生产管理条例》《建设工程质量管理条例》

《建设工程安全生产管理条例》（以下简称《安全生产管理条例》）于 2003 年 11 月 12 日国务院第 28 次常务会议通过，自 2004 年 2 月 1 日起施行。《安全生产管理条例》包括总则，建设单位的安全责任，勘察、设计、工程监理及其他有关单位的安全责任，施工单位的安全责任，监督管理，生产安全事故的应急救援和调查处理，法律责任，附则 8 章，共 71 条。

《安全生产管理条例》的立法目的，是为了加强建设工程安全生产监督管理，保障人民群众生命和财产安全。

《建设工程质量管理条例》（以下简称《质量管理条例》）于 2000 年 1 月 10 日国务院第 25 次常务会议通过，自 2000 年 1 月 30 日起施行；依据 2019 年 4 月 23 日《国务院关于修改部分行政法规的决定》（国务院令第 714 号）第二次修订。《质量管理条例》包括总则，建设单位的质量责任和义务，勘察、设计单位的质量责任和义务，施工单位的质量责任和义务，工程监理单位的质量责任和义务，建设工程质量保修，监督管理，罚则，附则 9 章，共 82 条。

《质量管理条例》的立法目的，是为了加强对建设工程质量的管理，保证建设工程质量，保护人民生命和财产安全。

1. 《安全生产管理条例》关于施工单位的安全责任的有关规定

（1）法规相关条文

《安全生产管理条例》关于施工单位的安全责任的条文是第 20 条～第 38 条。

（2）施工单位的安全责任

1）有关人员的安全责任

① 施工单位主要负责人

施工单位主要负责人不仅仅指法定代表人，而是指对施工单位全面负责、有生产经营决策权的人。

《安全生产管理条例》第 21 条规定：施工单位主要负责人依法对本单位的安全生产工作全面负责。具体包括：

A. 建立健全安全生产责任制度和安全生产教育培训制度；

B. 制定安全生产规章制度和操作规程；

C. 保证本单位安全生产条件所需资金的投入；

D. 对所承建的建设工程进行定期和专项安全检查，并做好安全检查记录。

② 施工单位的项目负责人

项目负责人主要指项目经理，在工程项目中处于中心地位。《安全生产管理条例》第 21 条规定：施工单位的项目负责人对建设工程项目的安全全面负责。鉴于项目负责人对安全生产的重要作用，该条同时规定施工单位的项目负责人应当由取得相应执业资格的人员担任。这里，"相应执业资格"目前指建造师执业资格。

根据《安全生产管理条例》第 21 条，项目负责人的安全责任主要包括：

A. 落实安全生产责任制度、安全生产规章制度和操作规程；

B. 确保安全生产费用的有效使用；

C. 根据工程的特点组织制定安全施工措施，消除安全事故隐患；

D. 及时、如实报告生产安全事故。

③ 专职安全生产管理人员

《安全生产管理条例》第 23 条规定：施工单位应当设立安全生产管理机构，配备专职安全生产管理人员。专职安全生产管理人员是指经建设主管部门或者其他有关部门安全生产考核合格，并取得安全生产考核合格证书在企业从事安全生产管理工作的专职人员，包括施工单位安全生产管理机构的负责人及其工作人员和施工现场专职安全生产管理人员。

专职安全生产管理人员的安全责任主要包括：对安全生产进行现场监督检查。发现安全事故隐患，应当及时向项目负责人和安全生产管理机构报告；对于违章指挥、违章操作的，应当立即制止。

2）总承包单位和分包单位的安全责任

《安全生产管理条例》第 24 条规定：建设工程实行施工总承包的，由总承包单位对施工现场的安全生产负总责。为了防止违法分包和转包等违法行为的发生，真正落实施工总承包单位的安全责任，该条进一步规定：总承包单位应当自行完成建设工程主体结构的施工。该条同时规定：总承包单位依法将建设工程分包给其他单位的，分包合同中应当明确各自在安全生产方面的权利、义务。总承包单位和分包单位对分包工程的安全生产承担连带责任。

但是，总承包单位与分包单位在安全生产方面的责任也不是固定不变的，需要视具体情况确定。《安全生产管理条例》第 24 条规定：分包单位应当服从总承包单位的安全生产管理，分包单位不服从管理导致生产安全事故的，由分包单位承担主要责任。

3）安全生产教育培训

① 管理人员的考核

《安全生产管理条例》第 36 条规定：施工单位的主要负责人、项目负责人、专职安全生产管理人员应当经建设行政主管部门或者其他有关部门考核合格后方可任职。

② 作业人员的安全生产教育培训

A. 日常培训

《安全生产管理条例》第 36 条规定：施工单位应当对管理人员和作业人员每年至少进行一次安全生产教育培训，其教育培训情况记录到个人工作档案。安全生产教育培训考核不合格的人员，不得上岗。

B. 新岗位培训

《安全生产管理条例》第 37 条对新岗位培训作了两方面规定。一是作业人员进入新的岗位或者新的施工现场前，应当接受安全生产教育培训。未经教育培训或者教育培训考核不合格的人员，不得上岗作业；二是施工单位在采用新技术、新工艺、新设备、新材料时，应当对作业人员进行相应的安全生产教育培训。

③ 特种作业人员的专门培训

《安全生产管理条例》第 25 条规定：垂直运输机械作业人员、安装拆卸工、爆破作业人员、起重信号工、登高架设作业人员等特种作业人员，必须按照国家有关规定经过专门的安全作业培训，并取得特种作业操作资格证书后，方可上岗作业。

4）施工单位应采取的安全措施

① 编制安全技术措施、施工现场临时用电方案和专项施工方案

《安全生产管理条例》第26条规定：施工单位应当在施工组织设计中编制安全技术措施和施工现场临时用电方案。同时规定，对下列达到一定规模的危险性较大的分部分项工程编制专项施工方案，并附具安全验算结果，经施工单位技术负责人、总监理工程师签字后实施，由专职安全生产管理人员进行现场监督：

A. 基坑支护与降水工程；

B. 土方开挖工程；

C. 模板工程；

D. 起重吊装工程；

E. 脚手架工程；

F. 拆除、爆破工程；

G. 国务院建设行政主管部门或者其他有关部门规定的其他危险性较大的工程。

② 安全施工技术交底

施工前的安全施工技术交底的目的就是让所有的安全生产从业人员都对安全生产有所了解，最大限度避免安全事故的发生。因此，《安全生产管理条例》第27条规定：建设工程施工前，施工单位负责项目管理的技术人员应当对有关安全施工的技术要求向施工作业班组、作业人员作出详细说明，并由双方签字确认。

③ 施工现场安全警示标志的设置

《安全生产管理条例》第28条规定：施工单位应当在施工现场入口处、施工起重机械、临时用电设施、脚手架、出入通道口、楼梯口、电梯井口、孔洞口、桥梁口、隧道口、基坑边沿、爆破物及有害危险气体和液体存放处等危险部位，设置明显的安全警示标志。安全警示标志必须符合国家标准。

④ 施工现场的安全防护

《安全生产管理条例》第28条规定：施工单位应当根据不同施工阶段和周围环境及季节、气候的变化，在施工现场采取相应的安全施工措施。施工现场暂时停止施工的，施工单位应当做好现场防护，所需费用由责任方承担，或者按照合同约定执行。

⑤ 施工现场的布置应当符合安全和文明施工要求

《安全生产管理条例》第29条规定：施工单位应当将施工现场的办公、生活区与作业区分开设置，并保持安全距离；办公、生活区的选址应当符合安全性要求。职工的膳食、饮水、休息场所等应当符合卫生标准。施工单位不得在尚未竣工的建筑物内设置员工集体宿舍。

施工现场临时搭建的建筑物应当符合安全使用要求。施工现场使用的装配式活动房屋应当具有产品合格证。临时建筑物一般包括施工现场的办公用房、宿舍、食堂、仓库、卫生间等。

⑥ 对周边环境采取防护措施

《安全生产管理条例》第30条规定：施工单位对因建设工程施工可能造成损害的毗邻

建筑物、构筑物和地下管线等，应当采取专项防护措施。施工单位应当遵守有关环境保护法律、法规的规定，在施工现场采取措施，防止或者减少粉尘、废气、废水、固体废物、噪声、振动和施工照明对人和环境的危害和污染。在城市市区内的建设工程，施工单位应当对施工现场实行封闭围挡。

⑦ 施工现场的消防安全措施

《安全生产管理条例》第 31 条规定：施工单位应当在施工现场建立消防安全责任制度，确定消防安全责任人，制定用火、用电、使用易燃易爆材料等各项消防安全管理制度和操作规程，设置消防通道、消防水源，配备消防设施和灭火器材，并在施工现场入口处设置明显标志。

⑧ 安全防护设备管理

《安全生产管理条例》第 33 条规定：作业人员应当遵守安全施工的强制性标准、规章制度和操作规程，正确使用安全防护用具、机械设备等。

《安全生产管理条例》第 34 条规定：施工单位采购、租赁的安全防护用具、机械设备、施工机具及配件，应当具有生产（制造）许可证、产品合格证，并在进入施工现场前进行查验；施工现场的安全防护用具、机械设备、施工机具及配件必须由专人管理，定期进行检查、维修和保养，建立相应的资料档案，并按照国家有关规定及时报废。

⑨ 起重机械设备管理

《安全生产管理条例》第 35 条对起重机械设备管理作了如下规定：

A. 施工单位在使用施工起重机械和整体提升脚手架、模板等自升式架设设施前，应当组织有关单位进行验收，也可以委托具有相应资质的检验检测机构进行验收；使用承租的机械设备和施工机具及配件的，由施工总承包单位、分包单位、出租单位和安装单位共同进行验收。验收合格的方可使用。

B. 《特种设备安全监察条例》规定的施工起重机械，在验收前应当经有相应资质的检验检测机构监督检验合格。这里"作为特种设备的施工起重机械"是指涉及生命安全、危险性较大的起重机械。

C. 施工单位应当自施工起重机械和整体提升脚手架、模板等自升式架设设施验收合格之日起 30 日内，向建设行政主管部门或者其他有关部门登记。登记标志应当置于或者附着于该设备的显著位置。

⑩ 办理意外伤害保险

《安全生产管理条例》第 38 条规定：施工单位应当为施工现场从事危险作业的人员办理意外伤害保险。同时还规定：意外伤害保险费由施工单位支付。实行施工总承包的，由总承包单位支付意外伤害保险费。意外伤害保险期限自建设工程开工之日起至竣工验收合格止。

2. 《质量管理条例》关于施工单位的质量责任和义务的有关规定

（1）法规相关条文

《质量管理条例》关于施工单位的质量责任和义务的条文是第 25 条～第 33 条。

（2）施工单位的质量责任和义务

1）依法承揽工程

《质量管理条例》第 25 条规定：施工单位应当依法取得相应等级的资质证书，并在其资质等级许可的范围内承揽工程。

禁止施工单位超越本单位资质等级许可的业务范围或者以其他施工单位的名义承揽工程。禁止施工单位允许其他单位或者个人以本单位的名义承揽工程。施工单位不得转包或者违法分包工程。

2）建立质量保证体系

《质量管理条例》第 26 条规定：施工单位对建设工程的施工质量负责。施工单位应当建立质量责任制，确定工程项目的项目经理、技术负责人和施工管理负责人。建设工程实行总承包的，总承包单位应当对全部建设工程质量负责；建设工程勘察、设计、施工、设备采购的一项或者多项实行总承包的，总承包单位应当对其承包的建设工程或者采购的设备的质量负责。

《质量管理条例》第 27 条规定：总承包单位依法将建设工程分包给其他单位的，分包单位应当按照分包合同的约定对其分包工程的质量向总承包单位负责，总承包单位与分包单位对分包工程的质量承担连带责任。

3）按图施工

《质量管理条例》第 28 条规定：施工单位必须按照工程设计图纸和施工技术标准施工，不得擅自修改工程设计，不得偷工减料。施工单位在施工过程中发现设计文件和图纸有差错的，应当及时提出意见和建议。

4）对建筑材料、构配件和设备进行检验的责任

《质量管理条例》第 29 条规定：施工单位必须按照工程设计要求、施工技术标准和合同约定，对建筑材料、建筑构配件、设备和商品混凝土进行检验，检验应当有书面记录和专人签字；未经检验或者检验不合格的，不得使用。

5）对施工质量进行检验的责任

《质量管理条例》第 30 条规定：施工单位必须建立、健全施工质量的检验制度，严格工序管理，做好隐蔽工程的质量检查和记录。隐蔽工程在隐蔽前，施工单位应当通知建设单位和建设工程质量监督机构。

6）见证取样

在工程施工过程中，为了控制工程施工质量，需要依据有关技术标准和规定的方法，对用于工程的材料和构件抽取一定数量的样品进行检测，并根据检测结果判断其所代表部位的质量。《质量管理条例》第 31 条规定：施工人员对涉及结构安全的试块、试件以及有关材料，应当在建设单位或者工程监理单位监督下现场取样，并送具有相应资质等级的质量检测单位进行检测。

7）保修

《质量管理条例》第 32 条规定：施工单位对施工中出现质量问题的建设工程或者竣工验收不合格的建设工程，应当负责返修。

在建设工程竣工验收合格前，施工单位应对质量问题履行返修义务；建设工程竣工验收合格后，施工单位应对保修期内出现的质量问题履行保修义务。《民法典》第 801 条对施工单位的返修义务也有相应规定：因施工人原因致使建设工程质量不符合约定的，发包

人有权请求施工人在合理期限内无偿修理或者返工、改建。经过修理或者返工、改建后，造成逾期交付的，施工人应当承担违约责任。返修包括修理和返工。

（四）《劳动法》《劳动合同法》

《中华人民共和国劳动法》（以下简称《劳动法》）于 1994 年 7 月 5 日第八届全国人民代表大会常务委员会第八次会议通过，自 1995 年 1 月 1 日起施行；根据 2018 年 12 月 29 日第十三届全国人民代表大会常务委员会第七次会议《关于修改〈中华人民共和国劳动法〉等七部法律的决定》第二次修改。

《劳动法》分为总则、促进就业、劳动合同和集体合同、工作时间和休息休假、工资、劳动安全卫生、女职工和未成年工特殊保护、职业培训、社会保险和福利、劳动争议、监督检查、法律责任、附则 13 章，共 107 条。

《劳动法》的立法目的，是为了保护劳动者的合法权益，调整劳动关系，建立和维护适应社会主义市场经济的劳动制度，促进经济发展和社会进步。

《中华人民共和国劳动合同法》（以下简称《劳动合同法》）于 2007 年 6 月 29 日第十届全国人民代表大会常务委员会第二十八次会议通过，自 2008 年 1 月 1 日起施行；根据 2012 年 12 月 28 日第十一届全国人民代表大会第十三次会议《关于修改〈中华人民共和国劳动合同法〉的决定》修改，自 2013 年 7 月 1 日起实施。《劳动合同法》包括总则、劳动合同的订立、劳动合同的履行和变更、劳动合同的解除和终止、特别规定、监督检查、法律责任、附则 8 章，共 98 条。

《劳动合同法》的立法目的，是为了完善劳动合同制度，明确劳动合同双方当事人的权利和义务，保护劳动者的合法权益，构建和发展和谐稳定的劳动关系。

《劳动合同法》在《劳动法》的基础上，对劳动合同的订立、履行、终止等内容作出了更为详尽的规定。

1. 《劳动法》《劳动合同法》关于劳动合同和集体合同的有关规定

（1）法规相关条文

《劳动法》关于劳动合同的条文是第 16 条～第 32 条，关于集体合同的条文是第 33 条～第 35 条。

《劳动合同法》关于劳动合同的条文是第 7 条～第 50 条，关于集体合同的条文是第 51 条～第 56 条。

（2）劳动合同、集体合同的概念

劳动合同是劳动者与用人单位确立劳动关系、明确双方权利和义务的协议。这里的劳动关系，是指劳动者与用人单位（包括各类企业、个体工商户、事业单位等）在实现劳动过程中建立的社会经济关系。

劳动合同分为固定期限劳动合同、无固定期限劳动合同和以完成一定工作任务为期限的劳动合同。固定期限劳动合同是指用人单位与劳动者约定合同终止时间的劳动合同。无固定期限劳动合同是指用人单位与劳动者约定无确定终止时间的劳动合同。以完成一定工作任务为期限的劳动合同是指用人单位与劳动者约定以某项工作的完成为合同期限的劳动合同。

集体合同又称集体协议、团体协议等，是指企业职工一方与企业（用人单位）就劳动报酬、工作时间、休息休假、劳动安全卫生、保险福利等事项，依据有关法律法规，通过平等协商达成的书面协议。集体合同实际上是一种特殊的劳动合同。

（3）劳动合同的订立

1）劳动合同当事人

《劳动法》第16条规定，劳动合同的当事人为用人单位和劳动者。

《中华人民共和国劳动合同法实施条例》（以下简称《劳动合同法实施条例》）进一步规定：劳动合同法规定的用人单位设立的分支机构，依法取得营业执照或者登记证书的，可以作为用人单位与劳动者订立劳动合同；未依法取得营业执照或者登记证书的，受用人单位委托可以与劳动者订立劳动合同。

2）劳动合同的类型

劳动合同分为以下三种类型：一是固定期限劳动合同，即用人单位与劳动者约定合同终止时间的劳动合同；二是以完成一定工作任务为期限的劳动合同，即用人单位与劳动者约定以某项工作的完成为合同期限的劳动合同；三是无固定期限劳动合同，即用人单位与劳动者约定无明确终止时间的劳动合同。

有下列情形之一，劳动者提出或者同意续订、订立劳动合同的，除劳动者提出订立固定期限劳动合同外，应当订立无固定期限劳动合同：

① 劳动者在该用人单位连续工作满10年的；

② 用人单位初次实行劳动合同制度或者国有企业改制重新订立劳动合同时，劳动者在该用人单位连续工作满10年且距法定退休年龄不足10年的；

③ 连续订立两次固定期限劳动合同，且劳动者没有《劳动合同法》第39条（即用人单位可以解除劳动合同的条件）和第40条第1款、第2款规定（即劳动者患病或者非因工负伤，在规定的医疗期满后不能从事原工作，也不能从事由用人单位另行安排的工作的；劳动者不能胜任工作，经过培训或者调整工作岗位，仍不能胜任工作的）的情形，续订劳动合同的。

若劳动者依据此处的规定提出订立无固定期限劳动合同的，用人单位应当与其订立无固定期限劳动合同。对劳动合同的内容，双方应当按照合法、公平、平等自愿、协商一致、诚实信用的原则协商确定。

劳动者非因本人原因从原用人单位被安排到新用人单位工作的，劳动者在原用人单位的工作年限合并计算为新用人单位的工作年限。原用人单位已经向劳动者支付经济补偿的，新用人单位在依法解除、终止劳动合同计算支付经济补偿的工作年限时，不再计算劳动者在原用人单位的工作年限。

3）订立劳动合同的时间限制

《劳动合同法》第10条规定：建立劳动关系，应当订立书面劳动合同。已建立劳动关系，未同时订立书面劳动合同的，应当自用工之日起一个月内订立书面劳动合同。用人单位与劳动者在用工前订立劳动合同的，劳动关系自用工之日起建立。

因劳动者的原因未能订立劳动合同的，《劳动合同法实施条例》第5条规定：自用工之日起一个月内，经用人单位书面通知后，劳动者不与用人单位订立书面劳动合同的，用人单位应当书面通知劳动者终止劳动关系，无需向劳动者支付经济补偿，但是应当依法向劳动者支付其实际工作时间的劳动报酬。

因用人单位的原因未能订立劳动合同的，《劳动合同法实施条例》第 6 条规定：用人单位自用工之日起超过一个月不满一年未与劳动者订立书面劳动合同的，应当依照《劳动合同法》第 82 条的规定向劳动者每月支付两倍的工资，并与劳动者补订书面劳动合同；劳动者不与用人单位订立书面劳动合同的，用人单位应当书面通知劳动者终止劳动关系，并依照《劳动合同法》第 47 条的规定支付经济补偿。

4）劳动合同的生效

劳动合同由用人单位与劳动者协商一致，并经用人单位与劳动者在劳动合同文本上签字或者盖章生效。

劳动合同文本由用人单位和劳动者各执一份。

（4）劳动合同的条款

《劳动合同法》第 17 条规定：劳动合同应当具备以下条款：

1）用人单位的名称、住所和法定代表人或者主要负责人；

2）劳动者的姓名、住址和居民身份证或者其他有效身份证件号码；

3）劳动合同期限；

4）工作内容和工作地点；

5）工作时间和休息休假；

6）劳动报酬；

7）社会保险；

8）劳动保护、劳动条件和职业危害防护；

9）法律、法规规定应当纳入劳动合同的其他事项。

劳动合同除前款规定的必备条款外，用人单位与劳动者可以约定试用期、培训、保守秘密、补充保险和福利待遇等其他事项。

《劳动合同法》第 18 条规定：劳动合同对劳动报酬和劳动条件等标准约定不明确，引发争议的，用人单位与劳动者可以重新协商；协商不成的，适用集体合同规定；没有集体合同或者集体合同未规定劳动报酬的，实行同工同酬；没有集体合同或者集体合同未规定劳动条件等标准的，适用国家有关规定。

（5）试用期

1）试用期的最长时间

《劳动法》第 21 条规定：试用期最长不得超过 6 个月。

《劳动合同法》第 19 条进一步明确：劳动合同期限 3 个月以上未满 1 年的，试用期不得超过 1 个月；劳动合同期限 1 年以上不满 3 年的，试用期不得超过 2 个月；3 年以上固定期限和无固定期限的劳动合同，试用期不得超过 6 个月。

2）试用期的次数限制

《劳动合同法》第 19 条规定：同一用人单位与同一劳动者只能约定一次试用期。

以完成一定工作任务为期限的劳动合同或者劳动合同期限不满 3 个月的，不得约定试用期。

试用期包含在劳动合同期限内。劳动合同仅约定试用期的，试用期不成立，该期限为劳动合同期限。

3）试用期内的最低工资

《劳动合同法》第 20 条规定：劳动者在试用期的工资不得低于本单位相同岗位最低档工资或者劳动合同约定工资的 80%，并不得低于用人单位所在地的最低工资标准。

《劳动合同法实施条例》对此作进一步明确：劳动者在试用期的工资不得低于本单位相同岗位最低档工资的 80% 或者不得低于劳动合同约定工资的 80%，并不得低于用人单位所在地的最低工资标准。

4）试用期内合同解除条件的限制

《劳动合同法》第 21 条规定：在试用期中，除劳动者有《劳动合同法》第 39 条（即用人单位可以解除劳动合同的条件）和第 40 条第 1 款、第 2 款（即劳动者患病或者非因工负伤，在规定的医疗期满后不能从事原工作，也不能从事由用人单位另行安排的工作的；劳动者不能胜任工作，经过培训或者调整工作岗位，仍不能胜任工作的）规定的情形外，用人单位不得解除劳动合同。用人单位在试用期解除劳动合同的，应当向劳动者说明理由。

（6）劳动合同的无效

《劳动合同法》第 26 条规定：下列劳动合同无效或者部分无效：

1）以欺诈、胁迫的手段或者乘人之危，使对方在违背真实意思的情况下订立或者变更劳动合同的；

2）用人单位免除自己的法定责任、排除劳动者权利的；

3）违反法律、行政法规强制性规定的。

对劳动合同的无效或者部分无效有争议的，由劳动争议仲裁机构或者人民法院确认。

劳动合同部分无效，不影响其他部分效力的，其他部分仍然有效。

劳动合同被确认无效，劳动者已付出劳动的，用人单位应当向劳动者支付劳动报酬。劳动报酬的数额，参照本单位相同或者相近岗位劳动者的劳动报酬确定。

（7）劳动合同的变更

用人单位变更名称、法定代表人、主要负责人或者投资人等事项，不影响劳动合同的履行。

用人单位发生合并或者分立等情况，原劳动合同继续有效，劳动合同由承继其权利和义务的用人单位继续履行。

用人单位与劳动者协商一致，可以变更劳动合同约定的内容。变更劳动合同，应当采用书面形式。

变更后的劳动合同文本由用人单位和劳动者各执一份。

（8）劳动合同的解除

用人单位与劳动者协商一致，可以解除劳动合同。用人单位向劳动者提出解除劳动合同并与劳动者协商一致解除劳动合同的，用人单位应当向劳动者给予经济补偿。

劳动者提前 30 日以书面形式通知用人单位，可以解除劳动合同。劳动者在试用期内提前 3 日通知用人单位，可以解除劳动合同。

1）劳动者解除劳动合同的情形

《劳动合同法》第 38 条规定：用人单位有下列情形之一的，劳动者可以解除劳动合同，用人单位应当向劳动者支付经济补偿：

① 未按照劳动合同约定提供劳动保护或者劳动条件的；

② 未及时足额支付劳动报酬的；

③ 未依法为劳动者缴纳社会保险费的；

④ 用人单位的规章制度违反法律、法规的规定，损害劳动者权益的；

⑤ 因《劳动合同法》第 26 条第 1 款（即：以欺诈、胁迫的手段或者乘人之危，使对方在违背真实意思的情况下订立或者变更劳动合同的）规定的情形致使劳动合同无效的；

⑥ 法律、行政法规规定劳动者可以解除劳动合同的其他情形。

用人单位以暴力、威胁或者非法限制人身自由的手段强迫劳动者劳动的，或者用人单位违章指挥、强令冒险作业危及劳动者人身安全的，劳动者可以立即解除劳动合同，不需事先告知用人单位。

2）用人单位可以解除劳动合同的情形

除用人单位与劳动者协商一致，用人单位可以与劳动者解除合同外，如遇下列情形，用人单位也可以与劳动者解除合同。

① 随时解除

《劳动合同法》第 39 条规定：劳动者有下列情形之一的，用人单位可以解除劳动合同：

A. 在试用期间被证明不符合录用条件的；

B. 严重违反用人单位的规章制度的；

C. 严重失职，营私舞弊，给用人单位造成重大损害的；

D. 劳动者同时与其他用人单位建立劳动关系，对完成本单位的工作任务造成严重影响，或者经用人单位提出，拒不改正的；

E. 因《劳动合同法》第 26 条第 1 款第 1 项（即以欺诈、胁迫的手段或者乘人之危，使对方在违背真实意思的情况下订立或者变更劳动合同的）规定的情形致使劳动合同无效的；

F. 被依法追究刑事责任的。

② 预告解除

《劳动合同法》第 40 条规定：有下列情形之一的，用人单位提前 30 日以书面形式通知劳动者本人或者额外支付劳动者 1 个月工资后，可以解除劳动合同，用人单位应当向劳动者支付经济补偿：

A. 劳动者患病或者非因工负伤，在规定的医疗期满后不能从事原工作，也不能从事由用人单位另行安排的工作的；

B. 劳动者不能胜任工作，经过培训或者调整工作岗位，仍不能胜任工作的；

C. 劳动合同订立时所依据的客观情况发生重大变化，致使劳动合同无法履行，经用人单位与劳动者协商，未能就变更劳动合同内容达成协议的。

用人单位依照此规定，选择额外支付劳动者 1 个月工资解除劳动合同的，其额外支付的工资应当按照该劳动者上 1 个月的工资标准确定。

③ 经济性裁员

《劳动合同法》第 41 条规定：有下列情形之一，需要裁减人员 20 人以上或者裁减不足 20 人但占企业职工总数 10% 以上的，用人单位提前 30 日向工会或者全体职工说明情况，听取工会或者职工的意见后，裁减人员方案经向劳动行政部门报告，可以裁减人员，用人单位应当向劳动者支付经济补偿：

A. 依照企业破产法规定进行重整的；

B. 生产经营发生严重困难的；

C. 企业转产、重大技术革新或者经营方式调整，经变更劳动合同后，仍需裁减人员的；

D. 其他因劳动合同订立时所依据的客观经济情况发生重大变化，致使劳动合同无法履行的。

④ 用人单位不得解除劳动合同的情形

《劳动合同法》第 42 条规定：劳动者有下列情形之一的，用人单位不得依照本法第 40 条、第 41 条的规定解除劳动合同：

A. 从事接触职业病危害作业的劳动者未进行离岗前职业健康检查，或者疑似职业病病人在诊断或者医学观察期间的；

B. 在本单位患职业病或者因工负伤并被确认丧失或者部分丧失劳动能力的；

C. 患病或者非因工负伤，在规定的医疗期内的；

D. 女职工在孕期、产期、哺乳期的；

E. 在本单位连续工作满 15 年，且距法定退休年龄不足 5 年的；

F. 法律、行政法规规定的其他情形。

（9）劳动合同终止

《劳动合同法》第 44 条规定：有下列情形之一的，劳动合同终止。用人单位与劳动者不得在劳动合同法规定的劳动合同终止情形之外约定其他的劳动合同终止条件：

1）劳动者达到法定退休年龄的，劳动合同终止；

2）劳动合同期满的。除用人单位维持或者提高劳动合同约定条件续订劳动合同，劳动者不同意续订的情形外，依照本项规定终止固定期限劳动合同的，用人单位应当向劳动者支付经济补偿；

3）劳动者开始依法享受基本养老保险待遇的；

4）劳动者死亡，或者被人民法院宣告死亡或者宣告失踪的；

5）用人单位被依法宣告破产的。依照本项规定终止劳动合同的，用人单位应当向劳动者支付经济补偿；

6）用人单位被吊销营业执照、责令关闭、撤销或者用人单位决定提前解散的。依照本项规定终止劳动合同的，用人单位应当向劳动者支付经济补偿；

7）法律、行政法规规定的其他情形。

（10）集体合同的内容与订立

集体合同的主要内容包括劳动报酬、工作时间、休息休假、劳动安全卫生、保险福利等事项，也可以就劳动安全卫生、女职工权益保护、工资调整机制等事项订立专项集体合同。

集体合同由工会代表职工与企业（用人单位）签订；没有建立工会的企业（用人单位），由职工推举的代表与企业（用人单位）签订。

（11）集体合同的效力

依法签订的集体合同对企业和企业全体职工具有约束力。职工个人与企业订立的劳动合同中劳动条件和劳动报酬等标准不得低于集体合同的规定。

（12）集体合同争议的处理

用人单位违反集体合同，侵犯职工劳动权益的，工会可以依法要求用人单位承担责任。因履行集体合同发生争议，经协商解决不成的，工会或职工协商代表可以自劳动争议发生之日起 1 年内向劳动争议仲裁委员会申请劳动仲裁；对劳动仲裁结果不服的，可以自收到仲裁裁决书之日起 15 日内向人民法院提起诉讼。

2. 《劳动法》关于劳动安全卫生的有关规定

（1）法规相关条文

《劳动法》关于劳动安全卫生的条文是第 52 条～第 57 条。

（2）劳动安全卫生

劳动安全卫生又称劳动保护，是指直接保护劳动者在劳动中的安全和健康的法律保护。

根据《劳动法》的有关规定，用人单位和劳动者应当遵守如下有关劳动安全卫生的法律规定：

1）用人单位必须建立、健全劳动安全卫生制度，严格执行国家劳动安全卫生规程和标准，对劳动者进行劳动安全卫生教育，防止劳动过程中的事故，减少职业危害。

2）劳动安全卫生设施必须符合国家规定的标准。

新建、改建、扩建工程的劳动安全卫生设施必须与主体工程同时设计、同时施工、同时投入生产和使用。

3）用人单位必须为劳动者提供符合国家规定的劳动安全卫生条件和必要的劳动防护用品，对从事有职业危害作业的劳动者应当定期进行健康检查。

4）从事特种作业的劳动者必须经过专门培训并取得特种作业资格。

5）劳动者在劳动过程中必须严格遵守安全操作规程。劳动者对用人单位管理人员违章指挥、强令冒险作业，有权拒绝执行；对危害生命安全和身体健康的行为，有权提出批评、检举和控告。

二、建 筑 材 料

构成建筑物或构筑物本身的材料称为建筑材料。建筑材料有多种分类方法，通常按化学成分分类，见表 2-1。

建筑材料按化学成分分类   表 2-1

分 类			举 例
无机胶凝材料	非金属材料	天然石材	砂子、石子、各种岩石加工的石材
		烧土制品	黏土砖、瓦、空心砖、棉砖、瓷器
		胶凝材料	石灰、石膏、水玻璃、水泥
		玻璃及熔融制品	玻璃、玻璃棉、岩棉、铸石
		混凝土及硅酸盐制品	普通混凝土、砂浆及硅酸盐制品等
	金属材料	黑色金属	钢、铁、不锈钢
		有色金属	铝、铜等及其合金
有机胶凝材料	植物质材料		木材、竹材、植物纤维及其制品
	沥青材料		石油沥青、煤沥青、沥青制品
	合成高分子材料		塑料、涂料、胶粘剂、合成橡胶
复合材料	金属材料与非金属材料复合		钢筋混凝土、预应力混凝土、钢纤维混凝土
	非金属材料与有机材料复合		玻璃纤维增强塑料、聚合物混凝土、沥青混合料、水泥刨花板
	金属材料与有机材料复合		轻质金属夹心板

（一）无机胶凝材料

1. 无机胶凝材料的种类及特性

胶凝材料也称为胶结材料，是用来把块状、颗粒状或纤维状材料粘结为整体的材料。建筑上使用的胶凝材料，按照化学成分的不同可分为有机和无机两大类。无机胶凝材料也称矿物胶凝材料，其主要成分是无机化合物，如水泥、石膏、石灰等均属无机胶凝材料。有机胶凝材料以高分子化合物为基本成分，如沥青、树脂等均属有机胶凝材料。

按照硬化条件的不同，无机胶凝材料分为气硬性胶凝材料和水硬性胶凝材料两类。前者如石灰、石膏、水玻璃等，后者如水泥。

气硬性胶凝材料只能在空气中凝结、硬化、保持和发展强度，一般只适用于干燥环境，不宜用于潮湿环境与水中。

水硬性胶凝材料既能在空气中硬化，也能在水中凝结、硬化、保持和发展强度，既适用于干燥环境，又适用于潮湿环境与水中工程。

2. 通用水泥的特性及应用

水泥是一种加水拌合成塑性浆体，能胶结砂、石等材料，并能在空气和水中硬化的粉状水硬性胶凝材料。

水泥的品种很多。用于一般土木建筑工程的水泥为通用水泥，系通用硅酸盐水泥的简称，是以硅酸盐水泥熟料和适量的石膏，以及规定的混合材料制成的水硬性胶凝材料。通用水泥的品种、特性及应用范围见表 2-2。

通用水泥的品种、特性及应用范围　　　　　　　　　　表 2-2

名称	硅酸盐水泥	普通硅酸盐水泥	矿渣硅酸盐水泥	火山灰质硅酸盐水泥	粉煤灰硅酸盐水泥	复合硅酸盐水泥
主要特性	1. 早期强度高 2. 水化热高 3. 抗冻性好 4. 耐热性差 5. 耐腐蚀性差 6. 干缩小 7. 抗碳化性好	1. 早期强度较高 2. 水化热较高 3. 抗冻性较好 4. 耐热性较差 5. 耐腐蚀性较差 6. 干缩性较小 7. 抗碳化性较好	1. 早期强度低，后期强度高 2. 水化热较低 3. 抗冻性较差 4. 耐热性较好 5. 耐腐蚀性好 6. 干缩性较大 7. 抗碳化性较差 8. 抗渗性差	1. 早期强度低，后期强度高 2. 水化热较低 3. 抗冻性较差 4. 耐热性较差 5. 耐腐蚀性好 6. 干缩性大 7. 抗碳化性较差 8. 抗渗性好	1. 早期强度低，后期强度高 2. 水化热较低 3. 抗冻性较差 4. 耐热性较差 5. 耐腐蚀性好 6. 干缩性小 7. 抗碳化性较差 8. 抗裂性好	1. 早期强度稍低 2. 其他性能同矿渣水泥
适用范围	1. 高强混凝土及预应力混凝土工程 2. 早期强度要求高的工程及冬期施工的工程 3. 严寒地区遭受反复冻融作用的混凝土工程	与硅酸盐水泥基本相同	1. 大体积混凝土工程 2. 高温车间和有耐热要求的混凝土结构 3. 蒸汽养护的构件 4. 耐蚀要求高的混凝土工程	1. 地下、水中大体积混凝土结构 2. 有抗渗要求的工程 3. 蒸汽养护的构件 4. 耐蚀要求高的混凝土工程	1. 地上、地下及水中大体积混凝土结构 2. 蒸汽养护的构件 3. 抗裂性要求较高的构件 4. 耐蚀要求高的混凝土工程	可参照矿渣硅酸盐水泥、火山灰质硅酸盐水泥、粉煤灰硅酸盐水泥，但其性能受所用混合材料性能的影响，所以使用时应针对工程的性质加以选用
不适用范围	1. 大体积混凝土工程 2. 受化学及海水侵蚀的工程 3. 耐热混凝土工程	与硅酸盐水泥基本相同	1. 早期强度要求较高的混凝土工程 2. 有抗冻要求的混凝土工程	1. 早期强度要求较高的混凝土工程 2. 有抗冻要求的混凝土工程 3. 干燥环境中的混凝土工程 4. 耐磨性要求高的混凝土工程	1. 早期强度要求较高的混凝土工程 2. 有抗冻要求的混凝土工程 3. 干燥环境中的混凝土工程 4. 耐磨性要求高的混凝土工程	可参照矿渣硅酸盐水泥、火山灰质硅酸盐水泥、粉煤灰硅酸盐水泥，但其性能受所用混合材料性能的影响，所以使用时应针对工程的性质加以选用

（二）混凝土

1. 普通混凝土的分类及主要技术性质

（1）普通混凝土的分类

混凝土是以胶凝材料、粗细骨料及其他外掺材料按适当比例拌制、成型、养护、硬化而成的人工石材。通常将水泥、矿物掺合材料、粗细骨料、水和外加剂按一定的比例配制而成的、干表观密度为 $2000\sim2800kg/m^3$ 的混凝土称为普通混凝土。

普通混凝土可以从不同角度进行分类。

① 按用途分：结构混凝土、抗渗混凝土、抗冻混凝土、大体积混凝土、水工混凝土、耐热混凝土、耐酸混凝土、装饰混凝土等。

② 按强度等级分：普通强度混凝土（<C60）、高强混凝土（≥C60）、超高强混凝土（≥C100）。

③ 按施工工艺分：喷射混凝土、泵送混凝土、碾压混凝土、压力灌浆混凝土、离心混凝土、真空脱水混凝土。

普通混凝土广泛用于建筑、桥梁、道路、水利、码头、海洋等工程。

（2）普通混凝土的主要技术性质

混凝土的技术性质包括混凝土拌合物的技术性质和硬化混凝土的技术性质。混凝土拌合物的主要技术性质为和易性，硬化混凝土的主要技术性质包括强度、变形和耐久性等。

1）混凝土拌合物的和易性

混凝土中的各种组成材料按比例配合经搅拌形成的混合物称为混凝土拌合物，又称新拌混凝土。

混凝土拌合物易于各工序施工操作（搅拌、运输、浇注、振捣、成型等），并能获得质量稳定、整体均匀、成型密实的混凝土的性能，称为混凝土拌合物的和易性。和易性是满足施工工艺要求的综合性质，包括流动性、黏聚性和保水性。

流动性是指混凝土拌合物在自重或机械振动时能够产生流动的性质。流动性的大小反映了混凝土拌合物的稀稠程度，流动性良好的拌合物，易于浇注、振捣和成型。

黏聚性是指混凝土组成材料间具有一定的黏聚力，在施工过程中混凝土能保持整体均匀的性能。黏聚性反映了混凝土拌合物的均匀性，黏聚性良好的拌合物易于施工操作，不会产生分层和离析的现象。黏聚性差时，会造成混凝土质地不均，振捣后易出现蜂窝、空洞等现象，影响混凝土的强度及耐久性。

保水性是指混凝土拌合物在施工过程中具有一定的保持内部水分而抵抗泌水的能力。保水性反映了混凝土拌合物的稳定性。保水性差的混凝土拌合物会在混凝土内部形成透水通道，影响混凝土的密实性，并降低混凝土的强度及耐久性。

混凝土拌合物的和易性目前还很难用单一的指标来评定，通常是以测定流动性为主，兼顾黏聚性和保水性。流动性常用坍落度法（适用于坍落度≥10mm）和维勃稠度法（适用于坍落度<10mm）进行测定。

坍落度数值越大，表明混凝土拌合物流动性大，根据坍落度值的大小，可将混凝土分为四级：大流动性混凝土（坍落度大于160mm）、流动性混凝土（坍落度100～150mm）、塑性混凝土（坍落度10～90mm）和干硬性混凝土（坍落度小于10mm）。

2）混凝土的强度

① 混凝土立方体抗压强度和强度等级

混凝土的抗压强度是混凝土结构设计的主要技术参数，也是混凝土质量评定的重要技术指标。

按照标准制作方法制成边长为 150mm 的标准立方体试件，在标准条件（温度 20℃±2℃，相对湿度为 95％以上）下养护 28d，然后采用标准试验方法测得的极限抗压强度值，称为混凝土的立方体抗压强度，用 f_{cu} 表示。

为了便于设计和施工选用混凝土，《混凝土质量控制标准》GB 50164 将混凝土的强度按照混凝土立方体抗压强度标准值分为若干等级，即强度等级。普通混凝土共划分为 C10、C15、C20、C25、C30、C35、C40、C45、C50、C55、C60、C65、C70、C75、C80、C85、C90、C95、C100 十九个强度等级。其中"C"表示混凝土，C 后面的数字表示混凝土立方体抗压强度标准值（$f_{cu,k}$）。如 C30 表示混凝土立方体抗压强度标准值 30MPa$\leqslant f_{cu,k} <$35MPa。混凝土结构中使用的混凝土强度等级为 C15～C80。

② 混凝土轴心抗压强度

在实际工程中，混凝土结构构件大部分是棱柱体或圆柱体。为了能更好地反映混凝土的实际抗压性能，在计算钢筋混凝土构件承载力时，常采用混凝土的轴心抗压强度作为设计依据。

混凝土的轴心抗压强度是采用 150mm×150mm×300mm 的棱柱体作为标准试件，在标准条件（温度为 20±2℃，相对湿度为 95％以上）下养护 28d，采用标准试验方法测得的抗压强度值。

③ 混凝土的抗拉强度

我国目前常采用劈裂试验方法测定混凝土的抗拉强度。劈裂试验方法是采用边长为 150mm 的立方体标准试件，按规定的劈裂拉伸试验方法测定混凝土的劈裂抗拉强度。

（3）混凝土的耐久性

混凝土抵抗其自身因素和环境因素的长期破坏，保持其原有性能的能力，称为耐久性。混凝土的耐久性主要包括抗渗性、抗冻性、抗腐蚀性、抗碳化、抗碱-骨料反应等方面。

1）抗渗性

混凝土抵抗压力液体（水或油）等渗透本体的能力称为抗渗性。

混凝土的抗渗性用抗渗等级表示。抗渗等级是以 28d 龄期的标准试件，用标准试验方法进行试验，以每组六个试件，四个试件未出现渗水时，所能承受的最大静水压（单位：MPa）来确定。混凝土的抗渗等级用代号 P 表示，分为 P4、P6、P8、P10、P12 和 >P12 六个等级。P4 表示混凝土抵抗 0.4MPa 的液体压力而不渗水。

2）抗冻性

混凝土在吸水饱和状态下，抵抗多次反复冻融循环而不破坏，同时也不严重降低其各种性能的能力，称为抗冻性。

混凝土的抗冻性用抗冻等级表示。抗冻等级是以 28d 龄期的混凝土标准试件，在浸水饱和状态下，进行冻融循环试验，以抗压强度损失不超过 25％，同时质量损失不超过 5％时，所能承受的最大的冻融循环次数来确定。混凝土抗冻等级用 F 表示，分为 F50、F100、F150、F200、F250、F300、F350、F400 和 >F400 九个等级。F150 表示混凝土在强度损失不超过 25％，质量损失不超过 5％时，所能承受的最大冻融循环次数为 150。

3）抗腐蚀性

混凝土在外界各种侵蚀介质作用下，抵抗破坏的能力，称为混凝土的抗腐蚀性。当工程所处环境存在侵蚀介质时，对混凝土必须提出耐蚀性要求。

2. 普通混凝土的组成材料及其主要技术要求

普通混凝土的组成材料有水泥、砂子、石子、水、外加剂或掺合料。前四种材料是组成混凝土所必需的材料，后两种材料可根据混凝土性能的需要有选择性地添加。

（1）水泥

水泥是混凝土组成材料中最重要的材料，也是成本支出最多的材料，更是影响混凝土强度、耐久性最重要的因素。

水泥品种应根据工程性质与特点、所处的环境条件及施工所处条件及水泥特性合理选择。配制一般的混凝土可以选用硅酸盐水泥、普通硅酸盐水泥、矿渣硅酸盐水泥、火山灰质硅酸盐水泥及粉煤灰硅酸水泥、复合硅酸盐水泥等通用水泥。

水泥强度等级的选择应根据混凝土强度的要求来确定，低强度混凝土应选择低强度等级的水泥，高强度混凝土应选择高强度等级的水泥。一般情况下，中、低强度的混凝土（≤C30），水泥强度等级为混凝土强度等级的 1.5～2.0 倍；高强度混凝土，水泥强度等级与混凝土强度等级之比可小于 1.5，但不能低于 0.8。

（2）细骨料

细骨料是指公称直径小于 5.00mm 的岩石颗粒，通常称为砂。根据生产过程特点不同，砂可分为天然砂、人工砂和混合砂。天然砂包括河砂、湖砂、山砂和海砂。混合砂是天然砂与人工砂按一定比例组合而成的砂。

1）有害杂质含量

配制混凝土的砂子要求清洁不含杂质。国家标准对砂中的云母、轻物质、硫化物及硫酸盐、有机物、氯化物等各有害物含量以及海砂中的贝壳含量作了规定。

2）含泥量、石粉含量和泥块含量

含泥量是指天然砂中公称粒径小于 $80\mu m$ 的颗粒含量。泥块含量是指砂中公称粒径大于 1.25mm，经水浸洗、手捏后变成小于 $630\mu m$ 的颗粒含量。石粉含量是指人工砂中公称粒径小于 $80\mu m$ 的颗粒含量。相关标准对含泥量、石粉含量和泥块含量作了规定。

3）坚固性

砂的坚固性是指砂在自然风化和其他外界物理、化学因素作用下，抵抗破坏的能力。

天然砂的坚固性用硫酸钠溶液法检验，砂样经 5 次循环后其质量损失应符合相关标准的规定。

人工砂的坚固性采用压碎指标值来判断，具体可参见有关文献。

4）砂的表观密度、堆积密度、空隙率

砂的表观密度大于 $2500kg/m^3$，松散堆积密度大于 $1350kg/m^3$，空隙率小于 47%。

5）粗细程度及颗粒级配

粗细程度是指不同粒径的砂混合后，总体的粗细程度。质量相同时，粗砂的总表面积小，包裹砂表面所需的水泥浆就越少，反之细砂总表面积大，包裹砂表面所需的水泥浆量就多。因此，和易性一定时，采用粗砂配制混凝土，可减少拌合用水量，节约水泥用量。但砂过粗易使混凝土拌合物产生分层、离析和泌水等现象。

颗粒级配是指粒径大小不同的砂粒互相搭配的情况。级配良好的砂，不同粒径的砂相互搭配，逐级填充使砂更密实，空隙率更小，可节省水泥并使混凝土结构密实，和易性、强度、耐久性得以加强，还可减少混凝土的干缩及徐变。

（3）粗骨料

粗骨料是指公称直径大于 5.00mm 的岩石颗粒，通常称为石子。其中天然形成的石子称为卵石，人工破碎而成的石子称为碎石。

1）泥、泥块及有害物质含量

粗骨料中泥、泥块含量以及硫化物、硫酸盐含量、有机物等有害物质含量应符合国家标准的规定。

2）颗粒形状

卵石及碎石的形状以接近卵形或立方体为较好。针状颗粒和片状颗粒不仅本身容易折断，而且使空隙率增大，影响混凝土的质量，因此，国家标准对粗骨料中针、片状颗粒的含量做了规定。

3）强度

为保证混凝土的强度，粗骨料必须具有足够的强度。粗骨料的强度指标有两个，一是岩石抗压强度，二是压碎指标值，具体可参见有关文献。

4）坚固性

坚固性是指卵石、碎石在自然风化和其他外界物理化学作用下抵抗破裂的能力。有抗冻性要求的混凝土所用粗骨料，要求测定其坚固性。

（4）水

混凝土用水包括混凝土拌制用水和养护用水。按水源不同分为饮用水、地表水、地下水、海水及经处理过的工业废水。地表水和地下水常溶有较多的有机质和矿物盐类；海水中含有较多硫酸盐，会降低混凝土后期强度，且影响抗冻性，同时，海水中含有大量氯盐，对混凝土中钢筋锈蚀有加速作用。

混凝土用水应优先采用符合国家标准的饮用水。在节约用水，保护环境的原则下，鼓励采用检验合格的中水（净化水）拌制混凝土。混凝土用水中各杂质的含量应符合国家标准的规定。

3. 混凝土配合比的概念

混凝土配合比是指混凝土中各组成材料数量之间的比例关系。可采用质量比或体积比，我国目前采用质量比。常用的表示方法有两种：一种是以 $1m^3$ 混凝土中各种材料的质量表示，如水泥 300kg、石子 1200kg、砂 720kg、水 180kg；另一种则是以水泥、砂、石子的相对质量比（以水泥质量为1）和水灰比表示，如前例可表示为水泥：砂：石：＝ 1：2.4：4，水灰比＝0.6。

上述配合比是以干燥材料为基准的，通常称为实验室配合比。而施工现场存放的砂、石材料都含有一定水分，因此现场材料的实际称量应按工地的这情况进行修正，修正后的配合比称为施工配合比。假设砂的含水量为 w_s，石子的含水量为 w_g，则施工配合比为：

$$m'_c = m_c \tag{2-1}$$

$$m'_s = m_s(1+w_s) \tag{2-2}$$

$$m'_g = m_g(1 + w_g) \tag{2-3}$$

$$m'_w = m_w - m_s w_S - m_g w_g \tag{2-4}$$

式中　m_c、m'_c——修正前、后每立方米混凝土中水泥的用量（kg）；

　　　　m_s、m'_s——修正前、后每立方米混凝土中砂的用量（kg）；

　　　　m_g、m'_g——修正前、后每立方米混凝土中石子的用量（kg）；

　　　　m_w、m'_w——修正前、后每立方米混凝土中水的用量（kg）。

需要说明的是，随着混凝土技术的发展，外加剂与掺和料的应用日益普遍，它们的掺量也是混凝土配合比设计时需要选定的。但是，因为外加剂、掺和料的品种繁多，性能差异较大，因此对它们的掺量，目前国家标准只作原则规定。

（三）砂浆

1. 砂浆的种类及应用

建筑砂浆是由胶凝材料、细骨料、掺加料和水配制而成的建筑工程材料。

根据所用胶凝材料的不同，建筑砂浆可分为水泥砂浆、石灰砂浆和混合砂浆（包括水泥石灰砂浆、水泥黏土砂浆、石灰黏土砂浆、石灰粉煤灰砂浆等）等。根据用途又分为砌筑砂浆和抹面砂浆。抹面砂浆包括普通抹面砂浆、装饰抹面砂浆、特种砂浆（如防水砂浆、耐酸砂浆、绝热砂浆、吸声砂浆等）。

水泥砂浆强度高、耐久性和耐水性好，但其流动性和保水性差，施工相对较困难，常用于地下结构或经常受水侵蚀的砌体部位。

混合砂浆强度较高，且耐久性、流动性和保水性均较好，便于施工，容易保证施工质量，是砌体结构房屋中常用的砂浆。

石灰砂浆强度较低，耐久性差，但流动性和保水性较好，可用于砌筑较干燥环境下的砌体。黏土石灰砂浆强度低，耐久性差，一般用于临时建筑或简易房屋中。

2. 砂浆配合比的概念

（1）砂浆的组成材料

砂浆的基本组成材料包括胶凝材料、细骨料和水，有时还有掺加料和外加剂。

砂浆主要的胶凝材料是水泥，常用的水泥种类有普通水泥、矿渣水泥、火山灰水泥、粉煤灰水泥和砌筑水泥等。

砂浆常用的细骨料为普通砂。除毛石砌体宜选用粗砂外，其他一般宜选用中砂。

拌合砂浆用水应选用不含有害杂质的洁净水。

为了改善砂浆的和易性和节约水泥，可在砂浆中加入一些无机掺加料，如石灰膏、黏土膏、电石膏、粉煤灰等。这样的砂浆即为混合砂浆，如水泥石灰砂浆、水泥黏土砂浆等。

为了使砂浆具有良好的和易性及其他施工性能，有时还在砂浆中掺入某些外加剂，如有机塑化剂、引气剂、早强剂、缓凝剂、防冻剂等。

（2）砂浆配合比

砂浆中各组成材料数量之间的比例关系称为砂浆配合比。砌筑砂浆和抹面砂浆的配合比表示方法不同。

1）砌筑砂浆的配合比

砌筑砂浆的配合比采用质量比，即用每立方米砂浆中各组成材料的质量（kg）表示。具体表示时，可以以水泥用量为基准数 1，依次给出掺加料、细骨料和水的相对比值，也可以用每立方米砂浆中各组成材料的绝对用量（kg）来表示。例如，某工程用水泥混合砂浆，经计算每立方米砂浆中各种材料用量为水泥 255kg，石灰膏 90kg，砂 1531kg，水 300kg，则该砂浆的配合比可以表示为 255∶90∶1531∶300 或水泥∶石灰膏∶砂∶水＝1∶0.35∶6.00∶1.18。

实际工程中，一般可以根据砂浆强度等级，通过查有关资料或手册来选取砂浆配合比。如需计算及试验较精确地确定砂浆配合比，可按《砌筑砂浆配合比设计规程》JGJ/T 98—2010 中的方法进行。

需要注意的是，上述配合比中，砂是按含水率小于 0.5% 的干砂计算的，实际施工配合比需要根据砂的实际含水率进行质量换算。

2）抹面砂浆的配合比

抹面砂浆配合比一般采用体积比，并以胶凝材料的体积为基准数 1，然后依次给出其他组成材料的相对比值。例如水泥∶砂＝1∶2，水泥∶石膏∶砂＝1∶0.6∶2 等。

需要注意的是，抹面砂浆一般无强度等级的要求，但其对流动性、保水性、黏结力的要求高，因此胶凝材料的用量往往高于砌筑砂浆。

（四）石材、砖和砌块

1. 砌筑用石材的分类及应用

天然石材是由采自地壳的岩石经加工或不加工而制成的材料。按岩石形状，石材可分为砌筑用石材和装饰用石材。砌筑用石材按加工后的外形规则程度分为料石和毛石两类。而料石又可分为细料石、粗料石和毛料石。

细料石通过细加工、外形规则，叠砌面凹入深度不应大于 10mm，截面的宽度、高度不应小于 200mm，且不应小于长度的 1/4。

粗料石规格尺寸同细料石，但叠砌面凹入深度不大于 20mm。

毛料石外形大致方正，一般不加工或稍加修整，高度不应小于 200mm，叠砌面凹入深度不应大于 25mm。

毛石指形状不规则，中部厚度不小于 200mm 的石材。

砌筑用石材主要用于建筑物基础、挡土墙等，也可用于建筑物墙体。

2. 砖的分类及应用

砌墙砖按规格、孔洞率及孔的大小，分为普通砖、多孔砖和空心砖；按工艺不同又分为烧结砖和非烧结砖。

（1）烧结砖

1）烧结普通砖

以煤矸石、页岩、粉煤灰、建筑垃圾或黏土、淤泥、污泥、固体废弃物为主要原料，经成型、焙烧而成的实心砖，称为烧结普通砖。

烧结普通砖的标准尺寸是 240mm×115mm×53mm。

烧结普通砖按抗压强度分为 MU30、MU25、MU20、MU15、MU10 五个强度等级。

烧结普通砖是传统墙体材料。其优点是价格低廉，具有一定的强度、隔热、隔声性能及较好的耐久性。其缺点是烧砖能耗高、砖自重大、成品尺寸小、施工效率低、抗震性能差等，并且黏土砖制砖取土大量毁坏农田。目前，我国正大力推广墙体材料改革，禁止使用黏土实心砖。烧结普通砖主要用于砌筑建筑物的内墙、外墙、柱、烟囱和窑炉。

2）烧结多孔砖

烧结多孔砖是以煤矸石、页岩、粉煤灰或黏土为主要原料，经成型、焙烧而成的，空洞率不大于 35% 的砖。

烧结多孔砖的外形为直角六面体，其长度、宽度、高度尺寸应符合下列要求：290mm，240mm，190mm，180mm，175mm，140mm，115mm，90mm。其他规格尺寸由供需双方协商确定。典型烧结多孔砖规格有 190mm×190mm×90mm（M 型）和 240mm×115mm×90mm（P 型）两种，如图 2-1 所示。

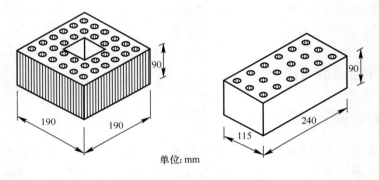

单位: mm

图 2-1　典型规格烧结多孔砖

烧结多孔砖根据抗压强度分为 MU30、MU25、MU20、MU15、MU10 五个强度等级。

烧结多孔砖可以用于承重墙体。优等品可用于墙体装饰和清水墙砌筑，一等品和合格品可用于混水墙，中等泛霜的砖不得用于潮湿部位。

3）烧结空心砖

烧结空心砖是以煤矸石、页岩、粉煤灰或黏土为主要原料，经焙烧制成的孔洞率大于 35% 的砖。

烧结空心砖的长、宽、高应符合以下系列：290mm、190(140) mm、90mm；240mm、180 (175) mm、115mm。

烧结空心砖主要用作非承重墙，如多层建筑内隔墙或框架结构的填充墙等。使用空心砖强度等级不低于 MU3.5，最好在 MU5 以上，孔洞率应大于 45%，以横孔方向砌筑。

（2）非烧结砖

不经焙烧而制成的砖均为非烧结砖。目前非烧结砖主要有蒸养砖、蒸压砖、碳化砖等，根据生产原材料区分主要有蒸压灰砂砖、蒸压粉煤灰砖、蒸压炉渣砖、混凝土砖等。

1）蒸压灰砂砖

蒸压灰砂砖是以石灰等钙质材料和砂酸等硅质材料为主要原料，经坯料制备、压制排气成型、高压蒸汽需养护而成的实心砖。

蒸压灰砂砖的尺寸规格为 240mm×115mm×53mm，其表观密度为 1800～1900kg/m³，根据产品的尺寸偏差和外观分为优等品（A）、一等品（B）、合格品（C）三个等级。

蒸压灰砂砖是在高压下成型，又经过蒸压养护，砖体组织致密，具有强度高、大气稳定性好、干缩率小、尺寸偏差小、外形光滑平整等特点。它主要用于工业与民用建筑的墙体和基础。其中，MU15、MU20 和 MU25 的灰砂砖可用于基础及其他部位，MU10 的灰砂砖可用于防潮层以上的建筑部位。蒸压灰砂砖不得用于长期受热 200℃ 以上、受急冷、受急热或有酸性介质侵蚀的环境，也不宜用于受流水冲刷的部位。

2）蒸压粉煤灰砖

蒸压粉煤灰砖是以石灰、消石灰（如电石渣）或水泥等钙质材料与粉煤灰等硅质材料及骨料（砂等）为主要原料，掺加适量石膏，经坯料制备、压制排气成型、高压蒸汽养护而成的实心砖。

蒸压粉煤灰砖的尺寸规格为 240mm×115mm×53mm。

蒸压粉煤灰砖可用于工业与民用建筑的基础和墙体，但在易受冻融和干湿交替的部位必须使用优等品或一等品砖。用于易受冻融作用的部位时要进行抗冻性检验，并采取适当措施以提高其耐久性。长期受高于 200℃ 作用，或受冷热交替作用，或有酸性侵蚀的建筑部位不得使用蒸压粉煤灰砖。

3）蒸压炉渣砖

蒸压炉渣砖是以煤燃烧后的残渣为主要原料，配以一定数量的石灰和少量石膏，经加水搅拌混合、压制成型、蒸养或蒸压养护而制成的实心砖。

蒸压炉渣砖的外形尺寸同普通黏土砖 240mm×115mm×53mm。蒸压炉渣砖的生产消耗大量工业废渣，属于环保型墙材。蒸压炉渣砖可用于一般工业与民用建筑的墙体和基础。但用于基础或易受冻融和干湿交替作用的建筑部位必须使用 MU15 及以上强度等级的砖；蒸压炉渣砖不得用于长期受热在 200℃ 以上，或受急冷急热，或有侵蚀性介质的部位。

4）混凝土砖

混凝土普通砖是以水泥和普通骨料或轻骨料为主要原料，经原料制备、加压或振动加压、养护而制成。其规格与黏土实心砖相同，用于工业与民用建筑基础和承重墙体。混凝土普通砖的强度等级分为 MU30、MU25、MU20 和 MU15。

混凝土多孔砖是以水泥为胶结材料，与砂、石（轻集料）等经加水搅拌、成

图 2-2　混凝土多孔砖(240mm×115mm×90mm)

型和养护而制成的一种具有多排小孔的混凝土制品（图 2-2）。它具有生产能耗低、节土利废、施工方便和体轻、强度高、保温效果好、耐久、收缩变形小、外观规整等特点，是一种替代烧结黏土砖的理想材料。产品主规格尺寸为 240mm×115mm×90mm，砌筑时可配合使用半砖（120mm×115mm×90mm）、七分砖（180mm×115mm×90mm）或与主规格尺寸相同的实心砖等。强度等级分为 MU30、MU25、MU20、MU15。

3. 砌块的分类及应用

砌块按产品主规格的尺寸，可分为大型砌块（高度大于 980mm）、中型砌块（高度为 380～980mm）和小型砌块（高度大于 115mm、小于 380mm）。按有无孔洞可分为实心砌块和空心砌块。空心砌块的空心率大于或等于 25％。

目前在国内推广应用较为普遍的砌块有蒸压加气混凝土砌块、混凝土小型空心砌块、石膏砌块等。

（1）蒸压加气混凝土砌块

蒸压加气混凝土砌块是钙质材料（水泥、石灰等）和硅质材料（矿渣和粉煤灰）加入铝粉（作加气剂），经蒸压养护而成的多孔轻质块体材料，简称加气混凝土砌块。

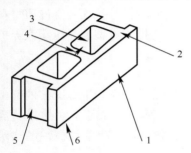

图 2-3　混凝土小型空心砌块
各部位名称

1—条面；2—坐浆面（肋厚较小的面）；
3—壁；4—肋；5—顶面；
6—铺浆面（肋厚较大的面）

蒸压加气混凝土砌块的尺寸规格为：长度 600mm，高度 200mm、240mm、250mm、300mm，宽度 100mm、120mm、125mm、150mm、180mm、200mm、240mm、250mm、300mm，如需要其他规格，可由供需双方协商解决。

蒸压加气混凝土砌块具有表观密度小、保温及耐火性好、易加工、抗震性好、施工方便的特点，适用于低层建筑的承重墙。多层建筑和高层建筑的隔离墙、填充墙及工业建筑物的围护墙体和绝热墙体。建筑的基础，处于浸水、高湿和化学侵蚀环境，承重制品表面温度高于 80℃的部位，均不得采用加气混凝土砌块。

（2）普通混凝土小型空心砌块

混凝土小型空心砌块是以水泥为胶凝材料，砂、碎石或卵石、煤矸石、炉渣为集料，经加水搅拌、振动加压或冲压成型、养护而成的小型砌块。混凝土小型空心砌块如图 2-3 所示。

混凝土小型空心砌块主规格尺寸为 390mm×190mm×190mm、390mm×240mm×190mm，最小外壁厚不应小于 30mm，最小肋厚不应小于 25mm。

混凝土小型空心砌块建筑体系比较灵活，砌筑方便，主要用于建筑的内外墙体。

（五）钢材

1. 钢材的分类

钢材的品种繁多，分类方法也很多。主要的分类方法见表 2-3。

建筑工程中目前常用的钢种是普通碳素结构钢和普通低合金结构钢。

钢材的分类 表 2-3

分类方法	类 别		特 性
按化学成分分类	碳素钢	低碳钢	含碳量<0.25%
		中碳钢	含碳量 0.25%~0.60%
		高碳钢	含碳量>0.60%
	合金钢	低合金钢	合金元素总含量<5%
		中合金钢	合金元素总含量 5%~10%
		高合金钢	合金元素总含量>10%
按脱氧程度分类	沸腾钢		脱氧不完全,硫、磷等杂质偏析较严重,代号为"F"
	镇静钢		脱氧完全,同时去硫,代号为"Z"
	特殊镇静钢		比镇静钢脱氧程度还要充分彻底,代号为"TZ"
按质量分类	普通钢		含硫量≤0.055%~0.065%,含磷量≤0.045%~0.085%
	优质钢		含硫量≤0.03%~0.045%,含磷量≤0.035%~0.045%
	高级优质钢		含硫量≤0.02%~0.03%,含磷量≤0.027%~0.035%

2. 钢结构用钢材的品种及特性

（1）钢种及钢号

建筑钢结构用钢材主要有碳素结构钢和低合金高强度结构钢两种。

1）碳素结构钢

① 碳素结构钢的牌号及其表示方法

碳素结构钢的牌号由字母 Q、屈服点数值、质量等级代号、脱氧方法代号四个部分组成。其中 Q 是"屈"字汉语拼音的首位字母；屈服点数值（以 N/mm^2 为单位）分为195、215、235、275；质量等级代号有 A、B、C、D，表示质量由低到高；脱氧方法代号有 F、Z、TZ，分别表示沸腾钢、镇静钢、特殊镇静钢，其中代号 Z、TZ 可以省略不写。钢结构一般采用 Q235 钢，分为 A、B、C、D 四级，A、B 两级有沸腾钢和镇静钢，C 级全部为镇静钢，D 级全部为特殊镇静钢。例如 Q235A 代表屈服强度为 $235N/mm^2$，A 级，镇静钢。

② 碳素结构钢的特性与用途

Q235 钢既具有较高的强度，又具有较好的塑性和韧性，可焊性也好，同时力学性能稳定，对轧制、加热、急剧冷却时的敏感性较小，故在建筑钢结构中应用广泛。其中 Q235A 钢一般仅适用于承受静荷载作用的结构，Q235C 和 Q235D 钢可用于重要焊接的结构。同时 Q235D 钢冲击韧性很好，具有较强的抗冲击、振动荷载的能力，尤其适宜在较低温度下使用。

Q195 和 Q215 钢塑性很好，但强度过低，常用于生产一般使用的钢钉、铆钉、螺栓及钢丝等。Q275 钢强度很高，但塑性、可焊性较差，多用于生产机械零件和工具等。

2）低合金高强度结构钢

低合金高强度结构钢是在钢的冶炼过程中添加少量合金元素（合金元素的总量低于5%），以提高钢材的强度、耐腐蚀性及低温冲击韧性等。

① 低合金高强度结构钢的牌号及其表示方法

低合金高强度结构钢均为镇静钢或特殊镇静钢，所以它的牌号只有 Q、屈服点数值、质量等级三部分。屈服点数值（以 N/mm^2 为单位）分为 295、345、390、420、460。质量等级有 A～E 五个级别。A 级无冲击功要求，B、C、D、E 级均有冲击功要求。不同质量等级对碳、硫、磷、铝等含量的要求也有区别。低合金高强度结构钢的 A、B 级属于镇静钢，C、D、E 级属于特殊镇静钢。例如 Q345E 代表屈服点为 $345N/mm^2$ 的 E 级低合金高强度结构钢。

② 低合金高强度结构钢的特性及应用

低合金高强度结构钢与碳素结构钢相比，具有较高的强度，综合性能好，所以在相同使用条件下，可比碳素结构钢节省用钢 20%～30%，对减轻结构自重有利。同时还具有良好的塑性、韧性、可焊性、耐磨性、耐蚀性、耐低温性等性能，具有良好的可焊性及冷加工性，易于加工与施工。低合金高强度结构钢主要用于轧制各种型钢（角钢、槽钢、工字钢）、钢板、钢管及钢筋，广泛用于钢结构和钢筋混凝土结构中，特别适用于各种重型结构、大跨度结构、高层结构及桥梁工程等，尤其适用于大跨度和大柱网的结构，其技术经济效果更为显著。

（2）钢结构用钢材的规格

钢结构所用钢材主要是型钢和钢板。型钢和钢板的成型有热轧和冷轧两种。

1）热轧型钢

热轧型钢主要采用碳素结构钢 Q235A，低合金高强度结构钢 Q345 和 Q390 热轧成型。

常用的热轧型钢有角钢、工字钢、槽钢、H 型钢等，如图 2-4 所示。

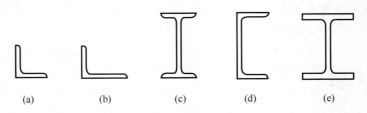

(a)　　　　(b)　　　　(c)　　　　(d)　　　　(e)

图 2-4　热轧型钢

(a) 等边角钢；(b) 不等边角钢；(c) 工字钢；(d) 槽钢；(e) H 型钢

① 热轧普通工字钢

工字钢的规格以"I"与腰高度值×腿宽度值×腰厚度值（mm）表示。如：I450×150×11.5（简记为 I45a）。

工字钢广泛应用于各种建筑结构和桥梁，主要用于承受横向弯曲（腹板平面内受弯）的杆件，但不宜单独用作轴心受压构件或双向弯曲的构件。

② 热轧 H 型钢

H 型钢由工字型钢发展而来。H 型钢的规格型号以"代号 腹板高度×翼板宽度×腹板厚度×翼板厚度"（mm）表示，也可用"代号　腹板高度×翼板宽度"（mm）表示。

与工字型钢相比，H 型钢优化了截面的分布，具有翼缘宽，侧向刚度大，抗弯能力强，翼缘两表面相互平行、连接构造方便，重量轻、节省钢材等优点。

H 型钢分为宽翼缘（代号为 HW）、中翼缘（代号为 HM）和窄翼缘 H 型钢（HN）以及 H 型钢桩（HP）。宽翼缘和中翼缘 H 型钢适用于钢柱等轴心受压构件，窄翼缘 H 型钢适用于钢梁等受弯构件。

③ 热轧普通槽钢

槽钢规格以"["与腰高度值×腿宽度值×腰厚度值（mm）表示。如：[200×75×9（简记为 [20b）。

槽钢主要用于承受轴向力的杆件、承受横向弯曲的梁以及联系杆件，主要用于建筑钢结构、车辆制造等。

④ 热轧角钢

角钢可分为等边角钢和不等边角钢。

等边角钢的规格以"L"与边宽度值×边宽度值×厚度值"（mm）表示。如：L200×200×24（简记为 L200×24）。

不等边角钢的规格以"L"与长边宽度值×短边宽度值×厚度值（mm）表示。如：L160×100×16。

不等边角钢的规格以"长边宽度×短边宽度×厚度"（mm）或"长边宽度/短边宽度"（cm）表示。规格范围为 25×16×（3—4）～200×125×（12—18）。

角钢主要用作承受轴向力的杆件和支撑杆件，也可作为受力构件之间的连接零件。

2）冷弯薄壁型钢

冷弯薄壁型钢指用钢板或带钢在常温下弯曲成的各种断面形状的成品钢材。

冷弯薄壁型钢的类型有 C 型钢、U 型钢、Z 型钢、带钢、镀锌带钢、镀锌卷板、镀锌 C 型钢、镀锌 U 型钢、镀锌 Z 型钢。图 2-5 所示为常见形式的冷弯薄壁型钢。冷弯薄壁型钢的表示方法与热轧型钢相同。

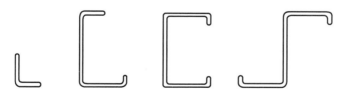

图 2-5 冷弯薄壁型钢

在房屋建筑中，冷弯型钢可用作钢架、桁架、梁、柱等主要承重构件，也被用作屋面檩条、墙架梁柱、龙骨、门窗、屋面板、墙面板、楼板等次要构件和围护结构。

3）板材

① 钢板

钢板是用碳素结构钢和低合金高强度结构钢经热轧或冷轧生产的扁平钢材。按轧制方式可分为热轧钢板和冷轧钢板。

表示方法：宽度×厚度×长度（mm）。

厚度大于 4mm 为厚板；厚度小于或等于 4mm 的为薄板。

热轧碳素结构钢厚板，是钢结构的主要用钢材。低合金高强度结构钢厚板，用于重型结构、大跨度桥梁和高压容器等。薄板用于屋面、墙面或轧型板原料等。

② 压型钢板

压型钢板是用薄板经冷轧成波形、U形、V形等形状，如图2-6所示。压型钢板有涂层、镀锌、防腐等薄板。压型钢板具有单位质量轻、强度高、抗震性能好、施工快、外形美观等优点。主要用于围护结构、楼板、屋面板和装饰板等。

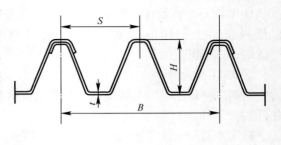

③ 花纹钢板

花纹钢板是指表面压有防滑凸纹的钢板，主要用于平台、过道及楼梯等的铺板。钢板的基本厚度为2.5～8.0mm，宽度为600～1800mm，长度为2000～12000mm。

④ 彩色涂层钢板

彩色涂层钢板是以冷轧钢板、电镀锌

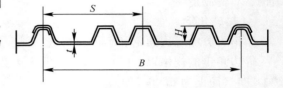

图 2-6 压型钢板

钢板、热镀锌钢板或镀铝锌钢板为基板经过表面脱脂、磷化、络酸盐处理后，涂上有机涂料经烘烤而制成的产品。

彩色涂层钢板的标记方式为：钢板用途代号—表面状态代号—涂料代号—基材代号—板厚×板宽×板长。

3. 钢筋混凝土结构用钢材的品种及特性

钢筋混凝土结构用钢材主要是由碳素结构钢和低合金结构钢轧制而成的各种钢筋，其主要品种有热轧钢筋、冷加工钢筋、热处理钢筋、预应力混凝土用钢丝和钢绞线等。

（1）热轧钢筋

经热轧成型并自然冷却的成品钢筋，称为热轧钢筋。根据表面特征不同，热轧钢筋分为光圆钢筋和带肋钢筋两大类。

1）热轧光圆钢筋

热轧光圆钢筋，横截面为圆形，表面光圆。其牌号由HPB＋屈服强度特征值构成。其中HPB为热轧光圆钢筋的英文（Hot rolled Plain Bars）缩写，屈服强度值为300。国家标准推荐的钢筋公称直径6～14mm。

热轧光圆钢筋的强度较低，但塑性及焊接性能很好，故广泛用于钢筋混凝土结构的构造筋。

2）热轧带肋钢筋

热轧带肋钢筋通常为圆形横截面，且表面通常带有两条纵肋和沿长度方向均匀分布的横肋。

热轧带肋钢筋按屈服强度值分为400、500、600三个等级，其牌号的构成及其含义见表2-4。

热轧带肋钢筋的延性、可焊性、机械连接性能和锚固性能均较好，且其400MPa、500MPa级钢筋的强度高，因此HRB400、HRBF400、HRB500、HRBF500钢筋是混凝土结构的主导钢筋，实际工程中主要用作结构构件中的受力主筋、箍筋等。

热轧带肋钢筋牌号的构成及其含义（GB/T 1499. 2—2018）　表 2-4

类别	牌号	牌号构成	英文字母含义
普通热 轧钢筋	HRB400	由 HRB＋屈服强度 特征值构成	HRB—热轧带肋钢筋的英文（Hot rolled Ribbed Bars）缩写。 E——"地震"的英文（Earthquake）首位字母
	HRB500		
	HRB600		
	HRB400E	由 HRB＋屈服强度 特征值＋E 构成	
	HRB500E		
细晶粒 热轧钢筋	HRBF400	由 HRBF＋屈服强度 特征值构成	HRBF—在热轧带肋钢筋的英文缩写后加"细"的英文（Fine） 首位字母。 E——"地震"的英文（Earthquake）首位字母
	HRBF500		
	HRBF400E	由 HRBF＋屈服强度 特征值＋E 构成	
	HRBF500E		

（2）冷加工钢筋

1）冷轧带肋钢筋

冷轧带肋钢筋是采用由普通低碳钢或低合金钢热轧的圆盘条为母材，经冷轧减径后在其表面冷轧成二面或三面有肋的钢筋。

冷轧带肋钢筋的牌号由 CRB 和钢筋的抗拉强度最小值构成。C、R、B 分别为冷轧（Cold rolled）、带肋（Ribbed）、钢筋（Bar）三个词的英文首位字母。冷轧带肋钢筋分为CRB550、CRB650、CRB800、CRB970 和 CRB1170 五个牌号。CRB550 冷轧带肋钢筋的公称直径范围为 4～12mm，为普通钢筋混凝土用钢筋。其他牌号钢筋的公称直径为4mm、5mm、6mm，为预应力混凝土用钢筋。

2）冷拔低碳钢丝

冷拔低碳钢丝是用普通碳素钢热轧盘条钢筋在常温下冷拔加工而成。《冷拔低碳钢丝应用技术规程》JGJ 19 只有 CDW550 一个强度级别，其直径为 3mm、4mm、5mm、6mm、7mm 和 8mm。

冷拔低碳钢丝用于预应力混凝土桩、钢筋混凝土排水管及环形混凝土电杆的钢筋骨架中的螺旋筋（环向钢筋）和焊接网、焊接骨架、箍筋和构造钢筋。冷拔低碳钢丝不得做预应力钢筋使用，做箍筋使用时直径不宜小于 5mm。

（3）热处理钢筋

预应力混凝土用热处理钢筋是普通热轧中碳低合金钢经淬火和回火等调质处理而成，有 6mm、8.2mm、10mm 三种规格的直径。

热处理钢筋强度高，锚固性好，不易打滑，预应力值稳定；施工简便，开盘后钢筋自然伸直，不需调直及焊接。主要用于预应力钢筋混凝土轨枕，也用于预应力梁、板结构及吊车梁等。

（4）预应力混凝土用钢丝

钢丝按加工状态分为冷拉钢丝和消除应力钢丝两类。

冷拉钢丝，用盘条通过拔丝模或轧辊经冷加工而成产品，以盘卷供货的钢丝。

消除应力钢丝，按松弛性能又分为低松弛级钢丝和普通松弛级钢丝。钢丝在塑性变形下（轴应变）进行短时热处理，得到的为低松弛钢丝。钢丝通过矫直工序后在适当温度下进行短时热处理，得到的为普通松弛钢丝。

钢丝按外形分为光圆钢丝、螺旋肋钢丝、刻痕钢丝三种。螺旋肋钢丝表面沿着长度方向上具有规则间隔的肋条（图 2-7）；刻痕钢丝表面沿着长度方向上具有规则间隔的压痕（图 2-8）。

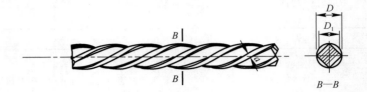

图 2-7 螺旋肋钢丝外形

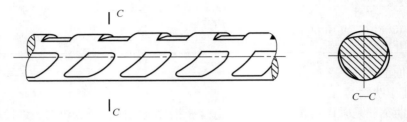

图 2-8 三面刻痕钢丝外形

预应力钢丝的抗拉强度比钢筋混凝土用热轧光圆钢筋、热轧带肋钢筋高很多,在构件中采用预应力钢丝可节省钢材、减少构件截面和节省混凝土。其主要用于桥梁、吊车梁、大跨度屋架和管桩等预应力钢筋混凝土构件中。

（5）预应力混凝土钢绞线

预应力混凝土钢绞线是按严格的技术条件,绞捻起来的钢丝束。

预应力钢绞线按捻制结构分为五类:用两根钢丝捻制的钢绞线（代号为 1×2）、用三根钢丝捻制的钢绞线（代号为 1×3）、用三根刻痕钢丝捻制的钢绞线（代号为 1×3I）、用七根钢丝捻制的标准型钢绞线（代号为 1×7）、用七根钢丝捻制又经模拔的钢绞线〔代号为（1×7）C〕。钢绞线外形示意图如图 2-9 所示。

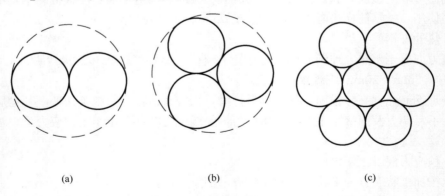

图 2-9 钢绞线外形示意图
（a）1×2 结构钢绞线；（b）1×3 结构钢绞线；（c）1×7 结构钢绞线

预应力钢丝和钢绞线具有强度高、柔度好,质量稳定,与混凝土黏结力强,易于锚固,成盘供应不需接头等诸多优点。其主要用于大跨度、大负荷的桥梁、电杆、轨枕、屋架、大跨度吊车梁等结构的预应力筋。

三、建筑工程识图

（一）房屋建筑施工图的基本知识

房屋建筑施工图是指利用正投影的方法把所设计房屋的大小、外部形状、内部布置和室内装修，以及各部分结构、构造、设备等的做法，按照建筑制图国家标准规定绘制的工程图样。它是工程设计阶段的最终成果，同时又是工程施工、监理和计算工程造价的主要依据。

按照内容和作用不同，房屋建筑施工图分为建筑施工图（简称"建施"）、结构施工图（简称"结施"）和设备施工图（简称"设施"）。通常，一套完整的施工图还包括图纸目录、设计总说明（即首页）。

图纸目录列出所有图纸的专业类别、总张数、排列顺序、各张图纸的名称、图样幅面等，以方便翻阅查找。

设计总说明包括施工图设计依据、工程规模、建筑面积、相对标高与总平面图绝对标高的对应关系、室内外的用料和施工要求说明、采用新技术和新材料或有特殊要求的做法说明、选用的标准图以及门窗表等。设计总说明的内容也可在各专业图纸上写成文字说明。

1. 房屋建筑施工图的作用及组成

（1）建筑施工图的组成及作用

建筑施工图一般包括建筑设计说明、建筑总平面图、平面图、立面图、剖面图及建筑详图等。其中，平面图、立面图和剖面图是建筑施工图中最重要、最基本的图样，称为基本建筑图。

各图样的作用分别是：

建筑设计说明主要说明装修做法和门窗的类型、数量、规格、采用的标准图集等情况；

建筑总平面图也称总图，用以表达建筑物的地理位置和周围环境，是新建房屋及构筑物施工定位，规划设计水、暖、电等专业工程总平面图及施工总平面图设计的依据。

建筑平面图主要用来表达房屋平面布置的情况，包括房屋平面形状、大小、房间布置，墙或柱的位置、大小、厚度和材料，门窗的类型和位置等，是施工备料、放线、砌墙、安装门窗及编制概预算的依据。

建筑立面图主要用来表达房屋的外部造型、门窗位置及形式、外墙面装修、阳台、雨篷等部分的材料和做法等，在施工中是外墙面造型、外墙面装修、工程概预算、备料等的依据。

建筑剖面图主要用来表达房屋内部垂直方向的高度、楼层分层情况及简要的结构形式和构造方式，是施工、编制概预算及备料的重要依据。

因为建筑物体积较大,建筑平面图、立面图、剖面图常采用缩小的比例绘制,所以房屋上许多细部的构造无法表示清楚,为了满足施工的需要,必须分别将这些部位的形状、尺寸、材料、做法等用较大的比例画出,这些图样就是建筑详图。

(2) 结构施工图的组成及作用

结构施工图一般包括结构设计说明、结构平面布置图和结构详图三部分,主要用以表示房屋骨架系统的结构类型、构件布置、构件种类、数量、构件的内部构造和外部形状、大小,以及构件间的连接构造。施工放线、开挖基坑(槽),施工承重构件(如梁、板、柱、墙、基础、楼梯等)主要依据结构施工图。

结构设计说明是带全局性的文字说明,它包括设计依据,工程概况,自然条件,选用材料的类型、规格、强度等级,构造要求,施工注意事项,选用标准图集等。其主要针对图形不容易表达的内容,利用文字或表格加以说明。

结构平面布置图是表示房屋中各承重构件总体平面布置的图样,一般包括:基础平面布置图,楼层结构布置平面图,屋顶结构平面布置图。

结构详图是为了清楚的表示某些重要构件的结构做法,而采用较大的比例绘制的图样,一般包括:梁、柱、板及基础结构详图,楼梯结构详图,屋架结构详图,其他详图(如天沟、雨篷、过梁等)。

(3) 设备施工图的组成及作用

设备施工图可按工种不同再分成给水排水施工图(简称水施图)、供暖通风与空调施工图(简称暖施图)、电气设备施工图(简称电施图)等。设备施工图主要表达房屋给水排水、供电照明、供暖通风、空调、燃气等设备的布置和施工要求等。

建筑设备施工图通常包括原理图、平面图、剖面图、系统轴测图、详图,此外一般还有设计说明、主要设备材料表。

设计说明是工程设计的重要组成部分,它包括对整个设计的总体描述,如设计条件、方案选择、安装调试要求、执行的标准等,以及对设计图样中没有表达或表达不清晰内容的补充说明等。

主要设备表通常包括设备名称、型号规格、件数等;材料表通常包括材料名称、规格、单位、数量等。

原理图又称流程图、系统图,是工程设计图中重要的图样,它表达系统的工艺流程,应表示出设备和管道间的相对关系以及过程进行的顺序,不按比例和投影规则绘制。当系统较简单、轴测图能清楚表达系统的流程或位置关系时,可省略原理图。

平面图包括建筑物各层供暖、通风、空调系统、照明电气的平面图、空调机房平面图、冷热源机房平面图等。平面图反映各设备、风管、风口、水管、配电线路等安装平面位置与建筑平面之间的相互关系。

剖面图是为了说明平面图难以表达的内容而绘制的,常见的有空调机房剖面图、冷冻机房剖面图、锅炉房剖面图等,用于说明立管复杂、部件多以及设备、管道、风口等纵横交错时垂直方向上的定位尺寸。当系统较简单、轴测图能清楚表达系统的流程或位置关系时,可全部或部分省略剖面图。

常见的系统轴测图有供暖水系统轴测图、空调风系统轴测图、空调冷冻水系统轴测图、冷却水系统轴测图等,其主要作用是从总体上表明系统的构成情况,包括系统中设备、配件的型号、尺寸、数量以及连接于各设备之间的管道在空间的曲折、交叉、走向和尺寸等。

建筑设备工程中常用的详图有：设备、管道安装的节点详图，如热力入口大样详图、散热器安装详图；设备、管道的加工详图；设备、部件的基础结构详图，如水泵的基础、冷水机组的基础。

2. 房屋建筑施工图的图示特点

房屋建筑施工图的图示特点主要体现在以下几方面：

（1）施工图中的各图样用正投影法绘制。一般在水平投影面（H 面）上作平面图，在正立投影面（V 面）上作正、背立面图，在侧立投影面（W 面）上作剖面图或侧立面图。平面图、立面图、剖面图是建筑施工图中最基本、最重要的图样，在图纸幅面允许时，最好将其画在同一张图纸上，以便阅读。

（2）由于房屋形体较大，施工图一般都用较小比例绘制，但对于其中需要表达清楚的节点、剖面等部位，则用较大比例的详图来表现。

（3）房屋建筑的构配件和材料种类繁多，为作图简便，国家标准采用一系列图例来代表建筑构配件、卫生设备、建筑材料等。为方便读图，国家标准还规定了许多标注符号，构件的名称应用代号表示。

3. 制图标准相关规定

（1）常用建筑材料图例和常用构件代号

常用建筑材料图例见表 3-1。

常用建筑材料图例　　　　　　　　　　　　　　　　表 3-1

序 号	名 称	图 例	备 注
1	自然土壤		包括各种自然土壤
2	夯实土壤		
3	砂、灰土		
4	砂砾石、碎砖三合土		
5	石材		
6	毛石		
7	普通砖		包括实心砖、多孔砖、砌块等砌体。断面较窄不易绘出图例线时，可涂红，并在图纸备注中加注说明，画出该材料图例
8	空心砖		指非承重砖砌体

续表

序　号	名　称	图　例	备　注
9	饰面砖		包括铺地砖、陶瓷锦砖、人造大理石等
10	焦渣、矿渣		包括与水泥、石灰等混合而成的材料
11	混凝土		1. 本图例指能承重的混凝土及钢筋混凝土； 2. 包括各种强度等级、骨料、添加剂的混凝土；
12	钢筋混凝土		3. 在剖面图上画出钢筋时，不画图例线； 4. 断面图形小时，不易画出图例线时，可涂黑
13	木材		1. 上图为横断面，左上图为垫木、木砖或木龙骨； 2. 下图为纵断面
14	金属		1. 包括各种金属； 2. 应注明具体材料名称
15	玻璃		包括平板玻璃、磨砂玻璃、夹丝玻璃、钢化玻璃、中空玻璃、夹层玻璃、镀膜玻璃等
16	防水材料		构造层次多或比例较大时，采用上图例
17	粉刷材料		

（2）图线

建筑专业制图的图线分别见表 3-2。

建筑专业制图的线型及其应用　　　　　　　　　　表 3-2

名　称		线　型	线　宽	用　途
实线	粗		b	1. 平、剖面图中被剖切的主要建筑构造（包括构配件）的轮廓线； 2. 建筑立面图或室内立面图的外轮廓线； 3. 建筑构造详图中被剖切的主要部分的轮廓线； 4. 建筑构配件详图中的外轮廓线； 5. 平、立、剖面的剖切符号
	中粗		$0.7b$	1. 平、剖面图中被剖切的次要建筑构造（包括构配件）的轮廓线； 2. 建筑平、立、剖面图中建筑构配件的轮廓线； 3. 建筑构造详图及建筑构配件详图中的一般轮廓线
	中		$0.5b$	小于 $0.7b$ 的图形线、尺寸线、尺寸界线、索引符号、标高符号、详图材料做法引出线、粉刷线、保温层线、地面、墙面的高差分界线等
	细		$0.25b$	图例填充线、家具线、纹样线等
虚线	中粗		$0.7b$	1. 建筑构造详图及建筑构配件不可见轮廓线； 2. 平面图中起重机（吊车）轮廓线； 3. 拟建、扩建建筑物轮廓线
	中		$0.5b$	小于 $0.5b$ 的不可见轮廓线、投影线
	细		$0.25b$	图例填充线、家具线

48

名　称		线　型	线　宽	用　途
单点长画线	粗		b	起重机（吊车）轨道线
	细		$0.25b$	中心线、对称线、定位轴线
折断线	细		$0.25b$	部分省略表示时的断开界线
波浪线	细		$0.25b$	部分省略表示时的断开界线、曲线形构件断开界线、构造层次的断开界线

注：地平线宽可用 $1.4b$。

（3）尺寸标注

图样上的尺寸，应包括尺寸界线、尺寸线、尺寸起止符号和尺寸数字四个要素，如图 3-1 所示。

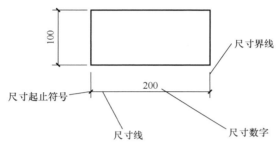

图 3-1　尺寸组成四要素

几种尺寸的标注形式见表 3-3。

尺寸的标注形式　　　　　　　　　　　　　　　　　　　表 3-3

注写的内容	注法示例	说　明
半径		半圆或小于半圆的圆弧应标注半径，如左下方的例图所示。标注半径的尺寸线应一端从圆心开始，另一端画箭头指向圆弧，半径数字前应加注符号"R"。较大圆弧的半径，可按上方两个例图的形式标注；较小圆弧的半径，可按右下方四个例图的形式标注
直径		圆及大于半圆的圆弧应标注直径，如左侧两个例图所示，并在直径数字前加注符号"ϕ"。在圆内标注的直径尺寸线应通过圆心，两端画箭头指至圆弧。较小圆的直径尺寸，可标注在圆外，如右侧六个例图所示
薄板厚度		应在厚度数字前加注符号"t"

续表

注写的内容	注法示例	说　明
正方形	φ30 40 60 20 / 50×50	φ30 40 60 20 / □50	在正方形的侧面标注该正方形的尺寸，可用"边长×边长"标注，也可在边长数字前加正方形符号"□"
坡度	2% 1:2 2.5 1 / 2%	标注坡度时，在坡度数字下应加注坡度符号，坡度符号为单面箭头，一般指向下坡方向。 坡度也可用直角三角形形式标注，如右侧的例图所示。 图中在坡面高的一侧水平边上所画的垂直于水平边的长短相间的等距细实线，称为示坡线，也可用它来表示坡面
角度、弧长与弦长	75°20′ 120 113 5° 6°09′56″	如左方的例图所示，角度的尺寸线是圆弧，圆心是角顶，角边是尺寸界线。尺寸起止符号用箭头；如没有足够的位置画箭头，可用圆点代替。角度的数字应水平方向注写。 如中间例图所示，标注弧长时，尺寸线为同心圆弧，尺寸界线垂直于该圆弧的弦，起止符号用箭头，弧长数字上方加圆弧符号。 如右方的例图所示，圆弧的弦长的尺寸线应平行于弦，尺寸界线垂直于弦
连续排列的等长尺寸	180 5×100=500 60	可用"个数×等长尺寸＝总长"的形式标注
相同要素	6×φ30 φ120 φ200	当构配件内的构造要素（如孔、槽等）相同时，可仅标注其中一个要素的尺寸及个数

（4）标高

在房屋建筑中，建筑物的高度用标高表示。标高分为相对标高和绝对标高两种。一般以建筑物底层室内地面作为相对标高的零点；我国把青岛市外的黄海海平面作为零点所测定的高度尺寸称为绝对标高。

各类图上的标高符号如图 3-2 所示。标高符号的尖端应指至被标注的高度，尖端可向下也可向上。在施工图中一般注写到小数点后三位即可；在总平面图中则注写到小数点后二位。零点标高注写成±0.000，负标高数字前必须加注"－"，正标高数字前不写"＋"。标高单位除建筑总平面图以米为单位外，其余一律以毫米为单位。

总平面图上的室外标高符号　　　平面图上的楼地面标高符号　　　立面图、剖面图各部位的标高符号　　所注部位的引出线

图 3-2　标高符号

在建施图中的标高数字表示其完成面的数值。

（二）建筑施工图的图示方法及内容

（1）建筑总平面图

1）建筑总平面图的图示方法

建筑总平面图是新建房屋所在地域的一定范围内的水平投影图。

建筑总平面图是将拟建工程四周一定范围内的新建、拟建、原有和将拆除的建筑物、构筑物连同其周围的地形地物状况，用水平投影方法画出的图样。由于总平面图绘图比例较小，图中的原有房屋、道路、绿化、桥梁、边坡、围墙及新建房屋等均是用图例表示。

总平面图的常用图例见表 3-4。

总平面图的常用图例　　　　　　　　　　　　　　　　　　　表 3-4

名　称	图　例	说　明	名　称	图　例	说　明
新建的建筑物	6	1. 需要时，可在图形内右上角以点数或数字（高层宜用数字）表示层数； 2. 用粗实线表示	原有的道路		
			计划扩建的道路		
原有的建筑物		1. 应注明拟利用者； 2. 用细实线表示	人行道		
计划扩建的预留地或建筑物		用中虚线表示	拆除的道路		
			公路桥		
拆除的建筑物		用细实线表示			
围墙及大门		1. 上图为砖石、混凝土或金属材料的围墙，下图为镀锌铁丝网、篱笆等围墙； 2. 如仅表示围墙时不画大门	敞棚或敞廊		
			铺砌场地		
			针叶乔木		
坐标	X105.00 Y425.00 A131.51 B278.25	上图表示测量坐标；下图表示施工坐标	阔叶乔木		
			针叶灌木		
填挖边坡		边坡较长时，可在一端或两端局部表示	阔叶灌木		
护坡					
新建的道路	6 101.00 R9 150.00	1. R9 表示道路转弯半径为 9m，150.00 为路面中心标高，6 表示 6% 纵向坡度，101.00 表示变坡点间距离； 2. 图中斜线为道路断面示意，根据实际需要绘制	修剪的树篱		
			草地		
			花坛		

2）总平面图的图示内容

① 新建建筑物的定位

新建建筑物的定位一般采用两种方法，一是按原有建筑物或原有道路定位；二是按坐标定位。采用坐标定位又分为采用测量坐标定位和建筑坐标定位两种（图3-3）。

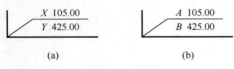

图 3-3 新建建筑物定位方法

（a）测量坐标定位；（b）建筑坐标定位

A. 测量坐标定位　在地形图上用细实线画成交叉十字线的坐标网，X 为南北方向的轴线，Y 为东西方向的轴线，这样的坐标网称为测量坐标网。

B. 建筑坐标定位　建筑坐标一般在新开发区，房屋朝向与测量坐标方向不一致时采用。

② 标高

在总平面图中，标高以米为单位，并保留至小数点后两位。

③ 指北针或风玫瑰图

指北针用来确定新建房屋的朝向，其符号如图3-4所示。

风向频率玫瑰图简称风玫瑰图，是新建房屋所在地区风向情况的示意图，是根据某一地区多年统计，各个方向平均吹风次数的百分数值，按一定比例绘制的。一般多用八个或十六个罗盘方位表示，玫瑰图上表示风的吹向是从外面吹向地区中心，图中实线为全年风向玫瑰图，虚线为夏季风向玫瑰图（图3-5）。

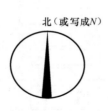

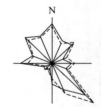

图 3-4 指北针　　　　图 3-5 风向频率玫瑰图

由于风向玫瑰图也能表明房屋和地物的朝向情况，所以在已经绘制了风向玫瑰图的图样上则不必再绘制指北针。

④ 建筑红线

各地方国土管理部门提供给建设单位的地形图为蓝图，在蓝图上用红色笔画定的土地使用范围的线称为建筑红线。任何建筑物在设计和施工中均不能超过此线。

⑤ 管道布置与绿化规划。

⑥ 附近的地形地物，如等高线、道路、围墙、河流、水沟和池塘等与工程有关的内容。

（2）建筑平面图

1）建筑平面图的图示方法

假想用一个水平剖切平面沿房屋的门窗洞口的位置把房屋切开，移去上部之后，画出的水平剖面图称为建筑平面图，简称平面图。沿底层门窗洞口切开后得到的平面图，称为底层平面图，沿二层门窗洞口切开后得到的平面图，称为二层平面图，依次可以得到三层、四层的平面图。当某些楼层平面相同时，可以只画出其中一个平面图，称其为标准层平面图。房屋屋顶的水平投影图称为屋顶平面图。

凡是被剖切到的墙、柱断面轮廓线用粗实线画出，其余可见的轮廓线用中实线或细实线，尺寸标注和标高符号均用细实线，定位轴线用细单点长画线绘制。砖墙一般不画图例，钢筋混凝土的柱和墙的断面通常涂黑表示。

门、窗图例分别如图 3-6、图 3-7 所示，建筑平面图中部分常用图例如图 3-8 所示。

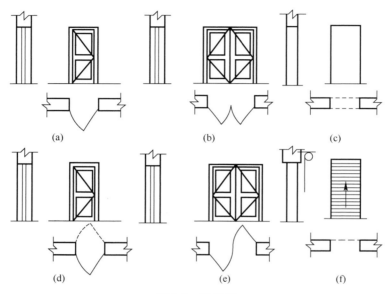

图 3-6　门图例

（a）单扇门；（b）双扇门；（c）空门洞；（d）单扇双面弹簧门；（e）双扇双面弹簧门；（f）卷帘门

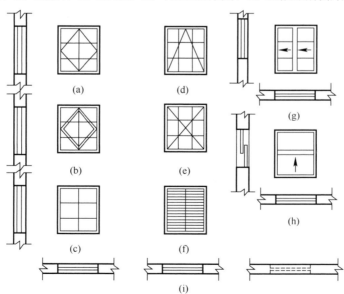

图 3-7　窗图例

（a）单扇外开平开窗；（b）双扇内外开平开窗；（c）单扇固定窗；（d）单扇外开上悬窗；

（e）单扇中悬窗；（f）百叶窗；（g）左右推拉窗；（h）上推窗；（i）高窗

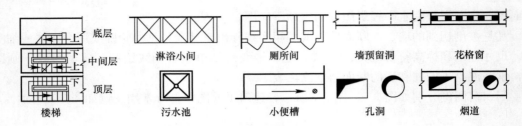

图 3-8 建筑平面图中常用图例

54

2）建筑平面图的图示内容

① 表示墙、柱，内外门窗位置及编号，房间的名称或编号，轴线编号。

为编制概预算时统计与施工备料方便，平面图上所用的门窗都应进行编号。门常用"M1""M2"或"M—1""M—2"等表示，窗常用"C1""C2"或"C—1""C—2"等表示。在建筑平面图中，定位轴线用来确定房屋的墙、柱、梁等的位置和作为标注定位尺寸的基线。定位轴线的编号宜标注在图样的下方与左侧，横向编号应用阿拉伯数字，从左至右顺序编写，竖向编号应用大写拉丁字母，从下至上顺序编写，拉丁字母中的 I、O 及 Z 三个字母不得作轴线编号，以免与数字 1、0 及 2 混淆（图 3-9a）。定位轴线也可采用分区编号（图 3-9b）。

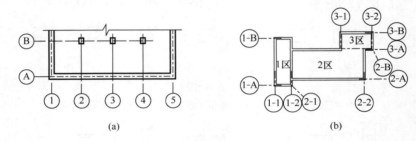

图 3-9 定位轴线的编号

（a）定位轴线的编号顺序；（b）定位轴线的分区编号

对于非承重的分隔墙、次要构件等，有时用附加轴线表示其位置，如图 3-10 所示。

图 3-10 附加轴线

② 注出室内外的有关尺寸及室内楼、地面的标高。

建筑平面图中的尺寸有外部尺寸和内部尺寸两种。

A. 外部尺寸。在水平方向和竖直方向各标注三道，最外一道尺寸标注房屋水平方向的总长、总宽，称为总尺寸；中间一道尺寸标注房屋的开间、进深，称为轴线尺寸（一般情况下两横墙之间的距离称为"开间"；两纵墙之间的距离称为"进深"）。最里边一道尺寸以轴线定位的标注房屋外墙的墙段及门窗洞口尺寸，称为细部尺寸。

B. 内部尺寸。应标注各房间长、宽方向的净空尺寸，墙厚及轴线的关系、柱子截面、房屋内部门窗洞口、门垛等细部尺寸。

在房屋建筑工程中，各部位的高度都用标高来表示。在平面图中所标注的标高均为相对标高。底层室内地面的标高一般用±0.000 表示。

③ 表示电梯、楼梯的位置及楼梯的上下行方向。

④ 表示阳台、雨篷、踏步、斜坡、通气竖道、管线竖井、烟囱、消防梯、雨水管、散水、排水沟、花池等位置及尺寸。

⑤ 画出卫生器具、水池、工作台、橱、柜、隔断及重要设备位置。

⑥ 表示地下室、地坑、地沟、各种平台、检查孔、墙上留洞、高窗等位置尺寸与标高。对于隐蔽的或者在剖切面以上部位的内容，应以虚线表示。

⑦ 画出剖面图的剖切符号及编号（一般只标注在底层平面图上）。

⑧ 标注有关部位上节点详图的索引符号。

⑨ 在底层平面图附近绘制出指北针。

⑩ 屋面平面图一般内容有：女儿墙、檐沟、屋面坡度、分水线与落水口、变形缝、楼梯间、水箱间、天窗、上人孔、消防梯以及其他构筑物、索引符号等。

图 3-11 为某住宅楼建筑平面图。

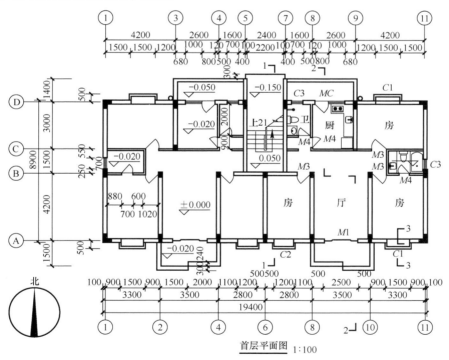

图 3-11　某住宅楼建筑平面图

（3）建筑立面图

1）建筑立面图的图示方法

在与房屋的四个主要外墙面平行的投影面上所绘制的正投影图称为建筑立面图，简称立面图。反映建筑物正立面、背立面、侧立面特征的正投影图，分别称为正立面图、背立面图和侧立面图，侧立面图又分左侧立面图和右侧立面图。立面图也可以按房屋的朝向命名，如东立面图、西立面图、南立面图、北立面图。此外，立面图还可以用各立面图的两端轴线编号命名，如①-⑦立面图、Ⓑ-Ⓠ立面图等。

为使建筑立面图轮廓清晰、层次分明，通常用粗实线表示立面图的最外轮廓线。外形轮廓线以内的细部轮廓，如凸出墙面的雨篷、阳台、柱、窗台、台阶、屋檐的下檐线以及窗洞、门洞等用中粗线画出。其余轮廓如腰线、粉刷线、分格线、落水管以及引出线等均采用细实线画出。地平线用标准粗度的 1.2～1.4 倍的加粗线画出。

较简单的对称式建筑物或对称的构配件等，立面图可绘制一半，并在对称轴线处画对称符号。

2）建筑立面图的图示内容

① 表明建筑物外貌形状、门窗和其他构配件的形状和位置，主要包括室外的地面线、房屋的勒脚、台阶、门窗、阳台、雨篷；室外的楼梯、墙和柱；外墙的预留孔洞、檐口、屋顶、雨水管、墙面修饰构件等。

② 外墙各个主要部位的标高和尺寸。

立面图中用标高表示出各主要部位的相对高度，如室内外地面标高、各层楼面标高及檐口标高。相邻两楼面的标高之差即为层高。

立面图中的尺寸是表示建筑物高度方向的尺寸，一般用三道尺寸线表示。最外面一道为建筑物的总高。建筑物的总高是从室外地面到檐口女儿墙的高度。中间一道尺寸线为层高，即下一层楼地面到上一层楼面的高度。最里面一道为门窗洞口的高度及与楼地面的相对位置。

③ 建筑物两端或分段的轴线和编号。

在立面图中，一般只绘制两端的轴线及编号，以便和平面图对照确定立面图的观看方向。

④ 标出各个部分的构造、装饰节点详图的索引符号，外墙面的装饰材料和做法。

外墙面装修材料及颜色一般用索引符号表示具体做法。

图 3-12 为某住宅楼立面图。

图 3-12　某住宅楼立面图

（4）建筑剖面图

1）建筑剖面图的图示方法

假想用一个或多个垂直于外墙轴线的铅垂剖切平面将房屋剖开，移去靠近观察者的部分，对留下部分所作的正投影图称为建筑剖面图，简称剖面图。

建筑剖面图是整幢建筑物的垂直剖面图。剖面图的图名应与底层平面图上标注的剖切符号编号一致，如 1-1 剖面图、2-2 剖面图等。剖面图的数量及其剖切位置应根据建筑物自身的复杂情况而定，一般剖切位置选择房屋的主要部位或构造较为典型的部位，如楼梯间等，并应尽量使剖切平面通过门窗洞口。剖面图的图名应与建筑底层平面图的剖切符号一致。

剖面图一般表示房屋在高度方向的结构形式。如墙身与室外地面散水、与室内地面、防潮层、各层楼面、梁的关系，墙身上的门、窗洞口的位置，屋顶的形式、室内的门、窗洞口、楼梯、踢脚、墙裙等可见部分均要表示出来。凡是被剖切到的墙、板、梁等构件的断面轮廓线用粗实线表示，而没有被剖切到的其他构件的轮廓线，则常用中实线或细实线表示。粉刷层在 1∶100 的平面图中不必画出，当比例为 1∶50 或更大时，则要用细实线画出。

2）建筑剖面图的图示内容

① 墙、柱及其定位轴线。

与建筑立面图一样，剖面图中一般只需画出两端的定位轴线及编号，以便与平面图对照。需要时也可以标注出中间轴线。

② 室内底层地面、地沟、各层的楼面、顶棚、屋顶、门窗、楼梯、阳台、雨篷、墙洞、防潮层、室外地面、散水、踢脚板等能看到的内容。

③ 各个部位完成面的标高，包括室内外地面、各层楼面、各层楼梯平台、檐口或女儿墙顶面、楼梯间顶面、电梯间顶面等部位。

④ 各部位的高度尺寸。

建筑剖面图中高度方向的尺寸包括外部尺寸和内部尺寸。外部尺寸的标注方法与立面图相同，包括三道尺寸：门、窗洞口的高度，层间高度，总高度。内部尺寸包括地坑深度、隔断、搁板、平台、室内门窗等的高度。

⑤ 楼面和地面的构造。一般采用引出线指向所说明的部位，按照构造的层次顺序，逐层加以文字说明。

⑥ 详图的索引符号。

建筑剖面图中不能详细表示清楚的部位应引出索引符号，另用详图表示。详图索引符号如图 3-13 所示。

图 3-14 为某住宅楼剖面图。

（5）建筑详图

需要绘制详图或局部平面放大图的位置一般包括内外墙节点、楼梯、电梯、厨房、卫生间、门窗、室内外装饰等。

1）内外墙节点详图

内外墙节点一般用平面和剖面表示。

平面节点详图表示出墙、柱或构造柱的材料和构造关系。

58

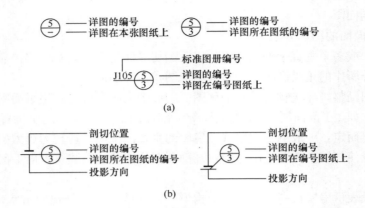

(a)

(b)

图 3-13 详图索引符号

(a) 详图索引符号；(b) 局部剖切索引符号

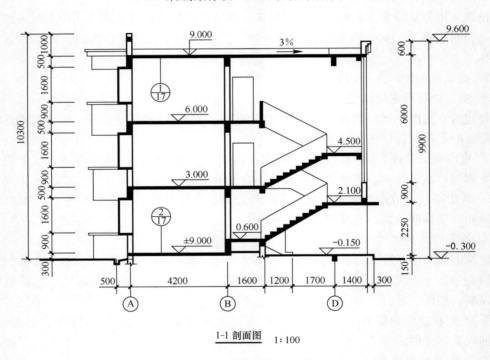

1-1 剖面图 1:100

图 3-14 某住宅楼剖面图

剖面节点详图即外墙身详图，外墙身详图其剖切位置一般设在门窗洞口部位。它实际上是建筑剖面图的局部放大图样，主要表示地面、楼面、屋面与墙体的关系，同时也表示排水沟、散水、勒脚、窗台、窗檐、女儿墙、天沟、排水口等位置及构造做法。外墙身详图可以从室内外地坪、防潮层处开始一直画到女儿墙压顶。实际工程中，为了节省图纸，通常在门窗洞口处断开，或者重点绘制地坪、中间层、屋面处的几个节点，而将中间层重复使用的节点集中到一个详图中表示。

2）楼梯详图

楼梯详图一般包括三部分的内容，即楼梯平面图、楼梯间剖面图和楼梯节点详图。

① 楼梯平面图

楼梯平面图的形成与建筑平面图一样，即假设用一水平剖切平面在该层往上行的第一个楼梯段中剖切开，移去剖切平面及以上部分，将余下的部分按正投影的原理投射在水平投影面上所得到的图样。因此，楼梯平面图实质上是建筑平面图中楼梯间部分的局部放大。

楼梯平面图必须分层绘制，底层平面图一般剖在上行的第一跑上，因此除表示第一跑的平面外，还能表明楼梯间一层休息平台以下的平面形状。中间相同的几层楼梯，同建筑平面图一样，可用一个图来表示，这个图称为标准层平面图。最上面一层平面图称为顶层平面图，所以，楼梯平面图一般有底层平面图，标准层平面图和顶层平面图三个。

② 楼梯间剖面图

假想用一铅垂剖切平面，通过各层的一个楼梯段，将楼梯剖切开，向另一未剖切到的楼梯段方向进行投影，所绘制的剖面图称为楼梯剖面图。

楼梯间剖面图只需绘制出与楼梯相关的部分，相邻部分可用折断线断开。尺寸需要标注层高、平台、梯段、门窗洞口、栏杆高度等竖向尺寸，并应标注出室内外地坪、平台、平台梁底面的标高。水平方向需要标注定位轴线及编号、轴线间尺寸、平台、梯段尺寸等。梯段尺寸一般用"踏步宽（高）×级数＝梯段宽（高）"的形式表示。

③ 楼梯节点详图

楼梯节点详图一般包括踏步做法详图、栏杆立面做法以及梯段连接、与扶手连接的详图、扶手断面详图等。这些详图是为了弥补楼梯间平、剖面图表达上的不足，而进一步表明楼梯各部位的细部做法。因此，一般采用较大的比例绘制，如 1：1、1：2、1：5、1：10、1：20 等。

详图符号如图 3-15 所示。

(a)　　　　　　　　　(b)

图 3-15　详图符号

（a）详图与被索引图在同一张图纸上；（b）详图与被索引图不在同一张图纸上

（三）施工图的识读

1. 施工图识读方法

（1）总揽全局

识读施工图前，先阅读建筑施工图，建立起建筑物的轮廓概念，了解和明确建筑施工图平面、立面、剖面的情况。在此基础上，阅读结构施工图目录，对图样数量和类型做到心中有数。阅读结构设计说明，了解工程概况及所采用的标准图等。粗读结构平面图，了解构件类型、数量和位置。

（2）循序渐进

根据投影关系、构造特点和图纸顺序，从前往后、从上往下、从左往右、由外向内、由大到小、由粗到细反复阅读。

（3）相互对照

识读施工图时，应当图样与说明对照看，建施图、结施图、设施图对照看，基本图与详图对照看。

（4）重点细读

以不同工种身份，有重点地细读施工图，掌握施工必需的重要信息。

2. 施工图识读步骤

识读施工图的一般顺序如下：

（1）阅读图纸目录

根据目录对照检查全套图纸是否齐全，标准图和重复利用的旧图是否配齐，图纸有无缺损。

（2）阅读设计总说明

了解本工程的名称、建筑规模、建筑面积、工程性质以及采用的材料和特殊要求等。对本工程有一个完整的概念。

（3）通读图纸

按建施图、结施图、设施图的顺序对图纸进行初步阅读，也可根据技术分工的不同进行分读。读图时，按照先整体后局部，先文字说明后图样，先图形后尺寸的顺序进行。

（4）精读图纸

在对图纸分类的基础上，对图纸及该图的剖面图、详图进行对照、精细阅读，对图样上的每个线面、每个尺寸都务必认清看懂，并掌握它与其他图的关系。

四、建筑施工技术

（一）地基与基础工程

1. 岩土的工程分类

岩土的分类方法很多，在建筑施工中，按照施工开挖的难易程度将岩土分为 8 类，见表 4-1，其中，一至四类为土，五至八类为岩石。

岩土的工程分类 表 4-1

类　别	土的名称	现场鉴别方法
第一类（松软土）	砂，粉土，冲积砂土层，种植土，泥炭（淤泥）	用锹挖掘
第二类（普通土）	粉质黏土，潮湿的黄土，夹有碎石、卵石的砂，种植土，填筑土和粉土	用锄头挖掘
第三类（坚土）	软及中等密实黏土，重粉质、粉质黏土，粗砾石，干黄土及含碎石、卵石的黄土、压实填土	用镐挖掘
第四类（砂砾坚土）	重黏土及含碎石、卵石的黏土，粗卵石，密实的黄土，天然级配砂石，软泥灰岩及蛋白石	用镐挖掘吃力，冒火星
第五类（软石）	硬石炭纪黏土，中等密实的页岩、泥灰岩白垩土，胶结不紧的砾岩，软的石灰岩	用风镐、大锤等
第六类（次坚石）	泥岩，砂岩，砾岩，坚实的页岩、泥灰岩，密实的石灰岩，风化花岗石、片麻岩	用爆破，部分用风镐
第七类（坚石）	大理岩，辉绿岩，玢岩，粗、中粒花岗石，坚实的白云岩、砂岩、砾岩、片麻岩、石灰岩	用爆破方法
第八类（特坚石）	安山岩，玄武岩，花岗片麻岩，坚实细粒花岗石，闪长岩、石英岩、辉长岩、辉绿岩、玢岩	用爆破方法

2. 基坑（槽）开挖、支护及回填方法

（1）基坑（槽）开挖

1）施工工艺流程

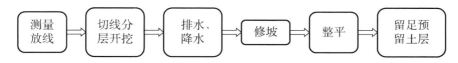

2）施工要点

① 浅基坑（槽）开挖。应先进行测量定位，抄平放线，定出开挖长度。

② 按放线分块（段）分层挖土。根据土质和水文情况，采取在四侧或两侧直立开挖或放坡，以保证施工操作安全。

③ 在地下水位以下挖土。应在基坑（槽）四周挖好临时排水沟和集水井，或采用井点降水，将水位降低至坑（槽）底以下 500mm，以利土方开挖。降水工作应持续到基础（包括地下水位下回填土）施工完成。雨期施工时，基坑（槽）应分段开挖，挖好一段浇筑一段垫层，并在基（坑）槽四周围做土堤或挖排水沟，以防地面雨水流入基坑（槽），同时应经常检查边坡和支撑情况，以防止坑壁受水浸泡造成塌方。

④ 基坑开挖应尽量防止对地基土的扰动。当基坑挖好后不能立即进行下道工序时，应预留 15～30cm 厚土层不挖，待下道工序开始再挖至设计标高。采用机械开挖基坑时，为避免破坏基底土，应在基底标高以上预留 15～30cm 的土层由人工挖掘修整。

⑤ 基坑开挖时。应对平面控制桩、水准点、基坑平面位置、水平标高、边坡坡度等经常复测检查。

⑥ 基坑挖完后应进行验槽，作好记录，当发现地基土质与工程勘察报告、设计要求不符时，应及时与有关人员研究处理。

（2）基坑支护

1）钢板桩施工

钢板桩支护具有施工速度快、可重复使用的特点。常用的钢板桩有 U 形和 Z 形，还有直腹板式、H 形和组合式钢板桩。常用的钢板桩施工机械有自由落锤、气动锤、柴油锤、振动锤，使用较多的是振动锤。

2）水泥土墙施工

深层搅拌水泥土桩墙，是采用水泥作为固化剂，通过特制的深层搅拌机械。在地基深处就地将软土和水泥强制搅拌形成水泥土，利用水泥和软土之间所产生的一系列物理化学反应，使软土硬化成整体性的并有一定强度的挡土、防渗墙。

3）地下连续墙施工

用特制的挖槽机械，在泥浆护壁下开挖一个单元槽段的沟槽，清底后放入钢筋笼，用导管浇筑混凝土至设计标高，一个单元槽段即施工完毕。各单元槽段间由特制的接头连接，形成连续的钢筋混凝土墙体。工程开挖土方时，地下连续墙可用作支护结构，既挡土又挡水，地下连续墙还可同时用作建筑物的承重结构。

（3）土方回填压实

1）工艺流程

2）施工要点

① 土料要求与含水量控制

填方土料应符合设计要求，以保证填方的强度和稳定性，当设计无要求时，应符合以下规定：

A. 碎石类土、砂土和爆破石渣（粒径不大于每层铺土厚的 2/3），可作为表层下的填料；

B. 含水量符合压实要求的黏性土，可作各层填料；

C. 淤泥和淤泥质土一般不能用作填料。

填土土料含水量的大小，直接影响到夯实（碾压）质量，在夯实（碾压）前应先试验，以得到符合密实度要求条件下的最优含水量和最少夯实（或碾压）遍数。含水量过小，夯压（碾压）不实；含水量过大，则易成橡皮土。土料含水量一般以手握成团、落地开花为适宜。含水量过大，应采取翻松、晾干、风干、换土回填、掺入干土或其他吸水性材料等措施；如土料过干，则应预先洒水润湿。当含水量小时，亦可采取增加压实遍数或使用大功率压实机械等措施。

② 基底处理

A. 场地回填应先清除基底上垃圾、草皮、树根，排除坑穴中积水、淤泥和杂物，并应采取措施防止地表清水流入填方区浸泡地基，造成地基土下陷。

B. 当填方基底为耕植土或松土时，应将基底充分夯实和碾压密实。

③ 填土压实要求

铺土应分层进行，每次铺土厚度不大于 30~50cm（视所用压实机械的要求而定）。

④ 填土的压实密实度要求

填方的密实度要求和质量指标通常以压密系数 λ_c 表示，密实度要求一般由设计根据工程结构性质、使用要求以及土的性质确定，如未作规定，可参考表 4-2 确定。

压实填土的质量控制 表 4-2

结构类型	填土部位	压实系数 λ_c	控制含水量
砌体承重结构和框架结构	在地基主要受力层范围内	≥0.97	$w \pm 2$
	在地基主要受力层范围以下	≥0.95	
排架结构	在地基主要受力层范围内	≥0.96	$w_{op} \pm 2$
	在地基主要受力层范围以下	≥0.94	
地坪垫层以下及基础底面标高以上的压实填土，压实系数不应小于 0.94			

A. 人工填土要求

填土应从场地最低部分开始，由一端向另一端自下而上分层铺填。每层虚铺厚度，用人工打夯夯实时不大于 20cm，用打夯机械夯实时宜为 20~25cm。深浅坑（槽）相连时，应先填深坑（槽），填平后与浅坑全面分层填夯。如采取分段填筑，交接处应填成阶梯形。墙基及管道回填应在两侧用细土同时均匀回填、夯实，防止墙基及管道中心线位移。

夯填土应按次序进行，一夯压半夯。较大面积人工回填用打夯机夯实。两机平行时其间距不得小于 3m。在同一夯打路线上，前后间距不得小于 10m。

B. 机械填土要求

铺土应分层进行，每次铺土厚度不大于 30~50cm（视所用压实机械的要求而定）。每层铺土后，利用填土机械将地表面刮平。填土程序一般尽量采取横向或纵向分层卸土，以利行驶时初步压实。

3. 混凝土基础施工工艺

（1）钢筋混凝土扩展基础

钢筋混凝土扩展基础是指柱下钢筋混凝土独立基础和墙下钢筋混凝土条形基础。

1）施工工艺流程

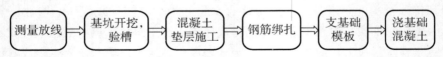

2）施工要点

① 混凝土浇筑前应先行验槽，基坑尺寸及轴线定位应符合设计要求、对局部软弱土层应挖去，用灰土或砂砾回填夯实与基底相平。

② 在地基或基土上浇筑混凝土时，应清除淤泥和杂物，并应有排水和防水措施。对干燥的黏性土，应用水湿润；对未风化的岩石，应用水清洗，但其表面不得留有积水。

③ 垫层混凝土在验槽后应立即浇筑，以保护地基。

④ 钢筋绑扎时，钢筋上的泥土、油污。模板内的垃圾、杂物应清除干净。木模板应浇水湿润，缝隙应堵严，基坑积水应排除干净。

⑤ 当垫层素混凝土达到一定强度后，在其上弹线、支模，模板要求牢固，无缝隙。

⑥ 混凝土宜分段分层浇筑，每层厚度不超过500mm。各段各层间应互相衔接，每段长2～3m，使逐段逐层呈阶梯形推进，并注意先使混凝土充满模板边角，然后浇筑中间部分。混凝土应连续浇筑，以保证结构良好的整体性。混凝土自高处倾落时，其自由倾落高度不宜超过2m。如高度超过2m，应设料斗、漏斗、串筒、斜槽、溜管，以防止混凝土产生分层离析。

（2）筏形基础

筏形基础分为梁板式和平板式两种类型，梁板式又分正向梁板式和反向梁板式。

1）施工工艺流程

2）施工要点

① 基坑支护结构应安全，当基坑开挖危及邻近建、构筑物、道路及地下管线的安全与使用时，开挖也应采取支护措施。

② 当地下水位影响基坑施工时，应采取人工降低地下水位或隔水措施。

③ 当采用机械开挖时，应保留200～300mm土层由人工挖除。

④ 基坑开挖完成并经验收后，应立即进行基础施工，防止暴晒和雨水浸泡造成基坑破坏。

⑤ 基础长度超过40m时，宜设置施工缝，缝宽不宜小于80cm。在施工缝处，钢筋必须贯通；当主楼与裙房采用整体基础，且主楼基础与裙房基础之间采用后浇带时，后浇带的处理方法应与施工缝相同。

⑥ 基础混凝土应采用同一品种水泥、掺合料、外加剂和同一配合比。大体积混凝土

可采用掺合料和外加剂改善混凝土和易性，减少水泥用量，降低水化热。

⑦ 基础施工完毕后，基坑应及时回填。回填前应清除基坑中的杂物；回填应在相对的两侧或四周同时均匀进行，并分层夯实。

（3）箱形基础

箱形基础的施工工艺与筏形基础相同。

（二）砌体工程

1. 砌体工程的种类

根据砌筑主体的不同，砌体工程可分为砖砌体工程、石砌体工程、砌块砌体工程、配筋砌体工程。

（1）砖砌体

由砖和砂浆砌筑而成的砌体称为砖砌体。砖有烧结黏土砖、烧结多孔砖、蒸压灰砂砖、粉煤灰砖、混凝土砖等，并有实心砖与空心砖两种形式。

（2）石砌体

由石材和砂浆砌筑的砌体称为石砌体。常用的石砌体有料石砌体、毛石砌体、毛石混凝土砌体。

（3）砌块砌体

由砌块和砂浆砌筑的砌体称为砌块砌体。常用的砌块砌体有混凝土空心砌块砌体、加气混凝土砌块砌体、水泥炉渣空心砌块砌体、粉煤灰硅酸盐砌块砌体等。

（4）配筋砌体

为了提高砌体的受压承载力和减小构件的截面尺寸，可在砌体内配置适量的钢筋形成配筋砌体。

2. 砌体施工工艺

（1）砖砌体

1）施工工艺流程

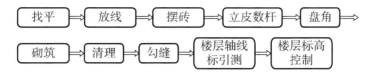

2）施工要点

① 找平、放线：砌筑前，在基础防潮层或楼面上先用水泥砂浆或细石混凝土找平，然后在龙门板上以定位钉为标志，弹出墙的轴线、边线，定出门窗洞口位置，如图 4-1 所示。

② 摆砖：是指在放线的基面上按选定的组砌形式用于砖试摆。一般在房屋外纵墙方向摆顺砖，在山墙方向摆丁砖，摆砖由一个大角摆到另一个大角，砖与砖留 10mm 缝隙。摆砖的目的是校对放出的墨线在门窗洞口、附墙垛等处是否符合砖的模数，以尽可能减少

65

砍砖，并使砌体灰缝均匀，组砌得当。

③ 立皮数杆：是指在其上划有每皮砖和灰缝厚度，以及门窗洞口、过梁、楼板、梁底、预埋件等标高位置的一种木制标杆，如图 4-2 所示。砌筑时它控制每皮砖的竖向尺寸，并使铺灰、砌砖的厚度均匀，洞口及构件位置留设正确，同时还可以保证砌体的垂直度。

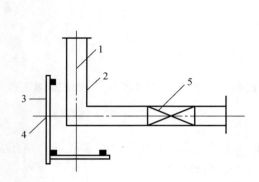
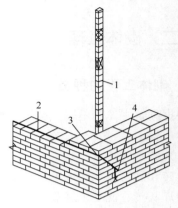

图 4-1　墙身放线

1—墙轴线；2—墙边线；3—龙门板；

4—墙轴线标志；5—门洞位置标志

图 4-2　立皮数杆示意图

1—皮数杆；2—准线；

3—竹片；4—圆铁钉

皮数杆一般立于房屋的四大角、内外墙交接处、楼梯间以及洞口多的地方。一般可每隔 10~15m 立一根。皮数杆的设立，应有两个方向斜撑或锚钉加以固定，以保证其固定和垂直。一般每次开始砌砖前应用水准仪校正标高，并检查一遍皮数杆的垂直度和牢固程度。

④ 盘角、砌筑：砌筑时应先盘角，盘角是确定墙身两面横平竖直的主要依据，盘角时主要大角不宜超过 5 皮砖，且应随砌随盘，做到"三皮一吊，五皮一靠"，对照皮数杆检查无误后，才能挂线砌筑中间墙体。为了保证灰缝平直，要挂线砌筑。一般一砖墙单面挂线，一砖半以上砖墙则宜双面挂线。

⑤ 清理、勾缝：当该层该施工面墙体砌筑完成后，应及时对墙面和落地灰进行清理。

勾缝是清水砖墙的最后的一道工序，具有保护墙面和增加墙面美观的作用。墙面勾缝有采用砌筑砂浆随砌随勾缝的原浆勾缝和加浆勾缝，加浆勾缝系指在砌筑几皮砖以后，先在灰缝处划出 1cm 深的灰槽。待砌完整个墙体以后，再用细砂拌制 1:1.5 水泥砂浆勾缝，勾缝完的墙面应及时清扫。

⑥ 楼层轴线引测：为了保证各层墙身轴线的重合和施工方便，在弹墙身线时，应根据龙门板上标注的轴线位置将轴线引测到房屋的外墙基上，二层以上各层墙的轴线，可用经纬仪或锤球引测到楼层上去，同时还须根据图上轴线尺寸用钢尺进行校核。

⑦ 楼层标高的控制：各层标高除立皮数杆控制外，还可弹出室内水平线进行控制。底层砌到一定高度后，在各层的里墙身，用水准仪根据龙门板上的 ±0.000 标高，引出统一标高的测量点（一般比室内地坪高出 200~500mm），然后在墙角两点弹出水平线，依

次控制底层过梁、圈梁和楼板底标高。当楼层墙身砌到一定高度后，先从底层水平线用钢尺往上量各层水平控制线的第一个标志，然后以此标志为准，用水准仪引测再定出各层墙面的水平控制线，以此控制各层标高。

（2）砌块砌体

1）施工工艺流程

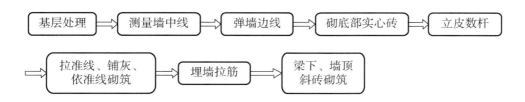

2）施工要点

① 基层处理：将砌筑加气砖墙体根部的混凝土梁、柱的表面清扫干净，用砂浆找平，拉线，用水平尺检查其平整度。

② 砌底部实心砖：在墙体底部，在砌第一皮加气砖前，应用实心砖砌筑，其高度宜不小于 200mm。

③ 拉准线、铺灰、依准线砌筑：为保证墙体垂直度、水平度，采取分段拉准线砌筑，铺浆要厚薄均匀，每一块砖全长上铺满砂浆，浆面平整，保证灰缝厚度，灰缝厚度宜为 15mm，灰缝要求横平竖直，水平灰缝应饱满，竖缝采用挤浆和加浆方法，不得出现透明缝，严禁用水冲洗灌缝。铺浆后立即放置砌块，要求一次摆正找平。如铺浆后不立即放置砌块，砂浆凝固了，须铲去砂浆，重新砌筑。

④ 埋墙拉筋：与钢筋混凝土柱（墙）的连接，采取在混凝土柱（墙）上打入 $2\phi6$ @500 的膨胀螺栓，然后在膨胀螺栓上焊接 $\phi6$ 的钢筋，长可埋入加气砖墙体内 1000mm。

⑤ 梁下、墙顶斜砖砌筑：与梁的接触处待加气砖砌完一星期后采用灰砂砖斜砌顶紧。

（3）毛石砌体

1）施工工艺流程

2）施工要点

① 砂浆用水泥砂浆或水泥混合砂浆，一般用铺浆法砌筑，灰缝厚度应符合要求，且砂浆饱满。毛料石和粗料石砌体的灰缝厚度不宜大于 20mm，细料石砌体的灰缝厚度不宜大于 5mm。

② 毛石砌体宜分皮卧砌，且按内外搭接，上下错缝，拉结石、丁砌石交错设置的原则组砌，不得采用外面侧立石块，中间填心的砌筑方法。每日砌筑高度不宜超过 1.2m，在转角处及交接处应同时砌筑，如不能同时砌筑时，应留斜槎。

③ 毛石墙一般灰缝不规则，对外观要求整齐的墙面，其外皮石材可适当加工。毛石墙的第一皮及转角、交接处和洞口处，应用料石或较大的平毛石砌筑，每个楼层砌体最上一皮应选用较大的毛石砌筑。墙角部分纵横宽度至少为0.8m。毛石墙在转角处，应采用有直角边的石料砌在墙角一面，据长短形状纵横搭接砌入墙内，丁字接头处，要选取较为平整的长方形石块，长短纵横砌入墙内，使其在纵横墙中上下皮能相互搭接；毛石墙的第一皮石块及最上一皮石块应选用较大。

④ 平毛石砌筑，第一皮大面向下，以后各皮上下错缝，内外搭接，墙中不应放铲口石和全部对合石，毛石墙必须设置拉结石，拉结石应均匀分布，相互错开，一般每0.7m²墙面至少设置一块，且同皮内的中距不大于2m。拉结石长度，如墙厚等于或小于400mm，应等于墙厚。墙厚大于400mm，可用两块拉结石内外搭接，搭接长度不小于150mm，且其中一块长度不小于墙厚的2/3。

⑤ 毛石挡土墙一般按3～4皮为一个分层高度砌筑，每砌一个分层高度应找平一次；毛石挡土墙外露面灰缝厚度不得大于40mm，两个分层高度间分层处的错缝不得小于80mm；对于中间毛石砌筑的料石挡土墙，丁砌料石应深入中间毛石部分的长度不应小于200mm；挡土墙的泄水孔应按设计施工，若无设计规定时，应按每米高度上间隔2m左右设置一个泄水孔。

(三) 钢筋混凝土工程

1. 常见模板的种类

(1) 组合式模板

组合式模板，是现代模板技术中具有通用性强、装拆方便、周转使用次数多的一种新型模板，用它进行现浇混凝土结构施工，可事先按设计要求组拼成梁、柱、墙、楼板的大型模板，整体吊装就位，也可采用散支散拆方法。

1) 组合钢模板

组合钢模板由钢模板和配件两大部分组成。配件又由连接件和支承件组成。钢模板主要包括平面模板、阴角模板、阳角模板、连接角模板等。

2) 钢框木 (竹) 胶合板模板

钢框木 (竹) 胶合板模板，是以热轧异型钢为钢框架，以覆面胶合板作板面，并加焊若干钢筋承托面板的一种组合式模板。面板有木、竹胶合板，单片木面竹芯胶合板等。

(2) 工具式模板

工具式模板，是针对工程结构构件的特点，研制开发的可持续周转使用的专用型模板，常用的有大模板、滑动模板、爬升模板、飞模等。

1) 大模板

大模板是大型模板或大块模板的简称。它的单块模板面积大，通常是以一面现浇墙使用一块模板，区别于组合钢模板和钢框胶合板模板，故称大模板如图4-3、图4-4所示。

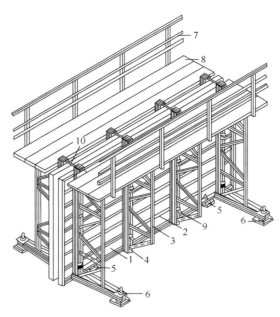

图 4-3　桁架式大模板构造示意

1—面板；2—水平肋；3—支撑桁架；4—竖肋；5—水平调整装置；
6—垂直调整装置；7—栏杆；8—脚手板；9—穿墙螺栓；10—固定卡具

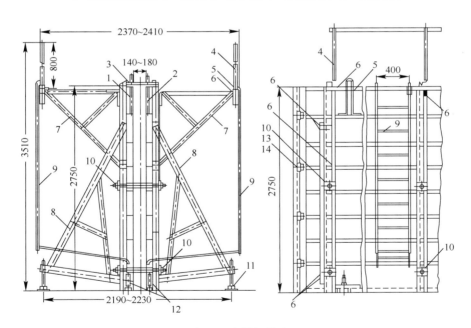

图 4-4　大模板构造

1—反向模板；2—正向模板；3—上口卡板；4—活动护身栏；5—爬梯横担；6—螺栓连接；7—操作平台斜撑；
8—支撑架；9—爬梯；10—穿墙螺栓；11—地脚螺栓；12—地脚；13—反活动角模；14—正活动角模

大模板依其构造和组拼方式可以分为整体式大模板、组合式大模板、拼装式大模板和筒形模板，以及用于外墙面施工的装饰混凝土模板。

2）滑动模板

滑动模板（简称滑模）施工，是现浇混凝土工程的一项施工工艺，与常规施工方法相比，这种施工工艺具有施工速度快、机械化程度高、可节省支模和搭设脚手架所需的工料、能较方便地将模板进行拆散和灵活组装并可重复使用。

3）爬升模板

爬升模板是综合大模板与滑动模板工艺和特点的一种模板，具有大模板和滑动模板共同的优点。其适用于现浇钢筋混凝土竖向（或倾斜）结构，如墙体、电梯井、桥梁、塔柱等。尤其适用于超高层建筑施工。

4）飞模

飞模是一种大型工具式模板。因其外形如桌，故又称桌模或台模。由于它可以借助起重机械从已浇筑完混凝土的楼板下吊运飞出转移到上层重复使用，故称飞模。

飞模主要由平台板、支撑系统（包括梁、支架、支撑、支腿等）和其他配件（如升降和行走机构等）组成。其适用于大开间、大柱网、大进深的现浇钢筋混凝土楼盖施工，尤其适用于现浇板柱结构（无柱帽）楼盖的施工。

（3）永久性模板

永久性模板，亦称一次性消耗模板，是在结构构件混凝土浇筑后模板不拆除，并构成构件受力或非受力的组成部分。

1）压型钢板模板

压型钢板模板，是采用镀锌或经防腐处理的薄钢板，经成型机冷轧成具有梯波形截面的槽型钢板或开口式方盒状钢壳的一种工程模板材料。

压型钢板模板具有加工容易，重量轻，安装速度快，操作简便和取消支、拆模板的烦琐工序等优点。

2）预应力混凝土薄板模板

预应力混凝土薄板模板，一般是在构件预制工厂的台座上生产，通过施加预应力配筋制作成的一种预应力混凝土薄板构件，这种薄板主要应用于现浇钢筋混凝土楼板工程。薄板本身是现浇楼板的永久性模板，当与楼板的现浇混凝土叠合后，又是构成楼板的受力结构部分，与楼板组成组合板，或构成楼板的非受力结构部分，而只作永久性模板使用。

2. 钢筋工程施工工艺

（1）钢筋加工

1）钢筋除锈

钢筋的表面应洁净。油渍、漆污和用锤敲击时能剥落的浮皮、铁锈等应在使用前清除干净。在焊接前，焊点处的水锈应清除干净。

钢筋的除锈，一般可通过以下两个途径：一是在钢筋冷拉或钢丝调直过程中除锈，对大量钢筋的除锈较为经济省力；二是用机械方法除锈。如采用电动除锈机除锈，对钢筋的局部除锈较为方便。还可采用手工除锈（用钢丝刷、砂盘）、喷砂和酸洗除锈等。

2）钢筋调直

钢筋的调直是在钢筋加工成型之前，对热轧钢筋进行矫正，使钢筋成为直线的一道工序。钢筋调直的方法分为机械调直和人工调直。以盘圆供应的钢筋在使用前需要进行调直，调直应优先采用机械方法调直，以保证调直钢筋的质量。

3）钢筋切断

断丝钳切断法：主要用于切断直径较小的钢筋，如钢丝网片、分布钢筋等。

手动切断机：主要用于切断直径在 16mm 以下的钢筋，其手柄长度可根据切断钢筋直径的大小来调，以达到切断时省力的目的。

液压切断器切断法：切断直径在 16mm 以上的钢筋。

4）钢筋弯曲成型

弯曲成型是指将钢筋加工成设计图纸要求的形状。常用弯曲成型设备是钢筋弯曲成型机，也有的采用简易钢筋弯曲成型装置。

钢筋弯钩和弯折的有关规定如下：

① 受力钢筋

A. HPB300 级钢筋末端应作 180°弯钩，其弯弧内直径不应小于钢筋直径的 2.5 倍，弯钩的弯后平直部分长度不应小于钢筋直径的 3 倍。

B. 当设计要求钢筋末端需作 135°弯钩时，400MPa 级、500MPa、600MPa 级钢筋的弯弧内直径 D 不应小于钢筋直径的 4 倍，弯钩的弯后平直部分长度应符合设计要求。

C. 钢筋作不大于 90°的弯折时，弯折处的弯弧内直径不应小于钢筋直径的 5 倍。

② 箍筋

除焊接封闭环式箍筋外，箍筋的末端应作弯钩。弯钩形式应符合设计要求；当设计无具体要求时，应符合下列规定：

A. 箍筋弯钩的弯弧内直径除应满足前述受力钢筋要求外，尚应不小于受力钢筋的直径。

B. 箍筋弯钩的弯折角度：对一般结构，不应小于 90°；对有抗震等要求的结构应为 135°。

C. 钢筋弯后的平直部分长度：对一般结构，不宜小于箍筋直径的 5 倍，对有抗震等要求的结构，不应小于箍筋直径的 10 倍。

（2）钢筋的连接

钢筋的连接可分为两类：绑扎搭接；机械连接或焊接。当受拉钢筋的直径 $d>28$mm 及受压钢筋的直径 $d>32$mm 时，不宜采用绑扎搭接接头。

1）钢筋绑扎搭接连接

绑扎搭接连接是用 20～22 号铁丝将两段钢筋扎牢使其连接起来以达到接长的目的。

① 同一构件中相邻纵向受力钢筋的绑扎搭接接头宜相互错开。

② 钢筋绑扎搭接接头连接区段的长度为 1.3 倍搭接长度，凡搭接接头中点位于该连接区段长度内的搭接接头均属于同一连接区段。当钢筋直径相同时，钢筋搭接接头面积百分率为 50%。

③ 位于同一连接区段内的受拉钢筋搭接接头面积百分率：对梁类、板类及墙类构件，不宜大于 25%；对柱类构件，不宜大于 50%。

④ 在任何情况下，纵向受拉钢筋绑扎搭接接头的搭接长度不应小于 300mm，纵向受压钢筋的受压搭接长度不应小于 200mm。

2）钢筋焊接连接

① 钢筋闪光对焊

A. 钢筋电阻点焊

钢筋电阻点焊是将两根钢筋安放成交叉叠接形式，压紧于两电极之间，利用电阻热熔化母材金属，加压形成焊点的一种压焊方法。

B. 钢筋电弧焊

钢筋电弧焊是以焊条作为一极、钢筋为另一极，利用焊接电流通过产生的电弧热进行焊接的一种熔焊方法。

② 钢筋电渣压力焊

钢筋电渣压力焊是将两根钢筋安放成竖向对接形式，利用焊接电流通过两根钢筋端面间隙，在焊剂层下形成电弧过程和电渣过程，产生电弧热和电阻热，熔化钢筋，加压完成的一种压焊方法。

3) 钢筋机械连接

① 钢筋套筒挤压连接

带肋钢筋套筒挤压连接是将两根待接钢筋插入钢套筒，用挤压连接设备沿径向挤压钢套筒，使之产生塑性变形，依靠变形后的钢套筒与被连接钢筋纵、横肋产生的机械咬合成为整体的钢筋连接方法。

② 钢筋锥螺纹套筒连接

钢筋锥螺纹套筒连接是将两根待接钢筋端头用套丝机做出锥形外丝，然后用带锥形内丝的套筒将钢筋两端拧紧的钢筋连接方法。

③ 钢筋墩粗直螺纹套筒连接

钢筋墩粗直螺纹套筒连接是先将钢筋端头墩粗，再切削成直螺纹，然后用带直螺纹的套筒将钢筋两端拧紧的钢筋连接方法。

④ 钢筋滚压直螺纹套筒连接

钢筋滚压直螺纹套筒连接是利用金属材料塑性变形后冷作硬化增强金属材料强度的特性，使接头与母材等强的连接方法。根据滚压直螺纹成型方式，又可分为直接滚压螺纹、压肋滚压螺纹、剥肋滚压螺纹三种类型。

(3) 钢筋安装

1) 钢筋现场绑扎

钢筋绑扎用的铁丝，可采用 20～22 号铁丝，其中 22 号铁丝只用于绑扎直径 12mm 以下的钢筋。

控制混凝土保护层厚度采用水泥砂浆垫块或塑料卡。水泥砂浆垫块的厚度，应等于保护层厚度。垫块的平面尺寸：当保护层厚度等于或小于 20mm 时为 30mm×30mm，大于 20mm 时为 50mm×50mm。当在垂直方向使用垫块时，可在垫块中埋入 20 号铁丝。

2) 基础钢筋绑扎

① 工艺流程

清理垫层、画线 → 摆放下层钢筋，并固定绑扎 → 摆放钢筋撑脚（双层钢筋时）→ 绑扎上层钢筋 → 绑扎柱墙预留钢筋

② 施工要点

A. 钢筋网的绑扎。四周两行钢筋交叉点应每点扎牢。中间部分交叉点可相隔交错扎牢，但必须保证受力钢筋不位移。双向主筋的钢筋网，则须将全部钢筋相交点扎牢。绑扎时应注意相邻绑扎点的铁丝扣要成八字形，以免网片歪斜变形。

B. 基础底板采用双层钢筋网时，在上层钢筋网下面应设置钢筋撑脚或混凝土撑脚，以保证钢筋位置正确。

钢筋撑脚每隔 1m 放置一个。其直径选用：当板厚 $h \leqslant 30cm$ 时为 $8 \sim 10mm$；当板厚 $h = 30 \sim 50mm$ 时为 $12 \sim 14mm$；当板厚 $h > 50cm$ 时为 $16 \sim 18mm$。

C. 钢筋的弯钩应朝上。不要倒向一边；但双层钢筋网的上层钢筋弯钩应朝下。

D. 独立柱基础为双向弯曲，其底面短边的钢筋应放在长边钢筋的上面。

E. 现浇柱与基础连接用的插筋，其箍筋应比柱的箍筋缩小一个柱筋直径，以便连接。插筋位置一定要固定牢靠，以免造成柱轴线偏移。

F. 对厚片筏上部钢筋网片，可采用钢管临时支撑体系。

3）柱钢筋绑扎

① 工艺流程

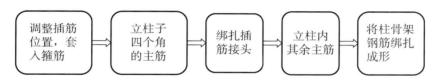

② 施工要点

A. 柱中的竖向钢筋搭接时，角部钢筋的弯钩应与模板成 $45°$（多边形柱为模板内角的平分角，圆形柱应与模板切线垂直）。中间钢筋的弯钩应与模板成 $90°$。如果用插入式振捣器浇筑小型截面柱时，弯钩与模板的角度不得小于 $15°$。

B. 箍筋的接头（弯钩叠合处）应交错布置在四角纵向钢筋上，箍筋转角与纵向钢筋交叉点均应扎牢（箍筋平直部分与纵向钢筋交叉点可间隔扎牢），绑扎箍筋时绑扣相互间应成八字形。

C. 下层柱的钢筋露出楼面部分宜用工具式柱箍将其收进一个柱筋直径，以利上层柱的钢筋搭接。当柱截面有变化时，其下层柱钢筋的露出部分必须在绑扎梁的钢筋之前先行收缩准确。

D. 框架梁、牛腿及柱帽等钢筋，应放在柱的纵向钢筋内侧。

E. 柱钢筋的绑扎应在模板安装前进行。

4）墙钢筋绑扎

① 工艺流程

② 施工要点

A. 墙（包括水塔壁、烟囱筒身、池壁等）的垂直钢筋每段长度不宜超过 4m（钢筋直径≤12mm）或 6m（直径＞12mm），水平钢筋每段长度不宜超过 8m，以利绑扎。

B. 墙的钢筋网绑扎同基础，钢筋的弯钩应朝向混凝土内。

C. 采用双层钢筋网时，在两层钢筋间应设置撑铁，以固定钢筋间距。撑铁可用直径 6～10mm 的钢筋制成，长度等于两层网片的净距，间距约为 1m，相互错开排列。

D. 墙的钢筋可在基础钢筋绑扎之后浇筑混凝土前插入基础内。

E. 墙钢筋的绑扎也应在模板安装前进行。

5）梁钢筋绑扎

① 工艺流程

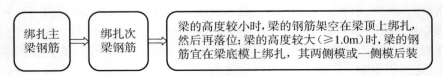

② 施工要点

A. 纵向受力钢筋采用双层排列时，两排钢筋之间应垫以直径≥25mm 的短钢筋，以保持其设计距离。

B. 箍筋的接头（弯钩叠合处）应交错布置在两根架立钢筋上。其余同柱。

C. 框架节点处钢筋穿插十分稠密时，应特别注意梁顶面主筋间的净距要有 30mm，以利浇筑混凝土。

D. 梁钢筋的绑扎与模板安装之间的配合关系：a. 梁的高度较小时，梁的钢筋架空在梁顶上绑扎，然后再落位；b. 梁的高度较大（≥1.0m）时，梁的钢筋宜在梁底模上绑扎，其两侧模或一侧模后装。

6）板钢筋绑扎

① 工艺流程

② 施工要点

A. 现浇楼板钢筋的绑扎是在梁钢筋骨架放下之后进行的。在现浇楼板钢筋铺设时，对于单向受力板，应先铺设平行于短边方向的受力钢筋，后铺设平行于长边方向分布钢筋；对于双向受力板，应先铺设平行于短边方向的受力钢筋，后铺设平行于长边方向的受力钢筋。且须特别注意，板上部的负筋、主筋与分布钢筋的相交点必须全部绑扎，并垫上保护层垫块。如楼板为双层钢筋时，两层钢筋之间应撑铁，以确保两层钢筋之间的有效高度，管线应在负筋没有绑扎前预埋好，以免施工人员施工时过多地踩倒负筋。

B. 板、次梁与主梁交叉处，板的钢筋在上，次梁的钢筋居中，主梁的钢筋在下；当有圈梁或垫梁时，主梁的钢筋在上。

C. 板的钢筋网绑扎与基础相同。但应注意板上部的负筋，要防止被踩下，特别是雨篷、挑檐、阳台等悬臂板。要严格控制负筋位置，以免拆模后断裂。

（4）植筋施工

在钢筋混凝土结构上钻出孔洞，注入胶粘剂，植入钢筋，待其固化后即完成植筋施工。用此法植筋犹如原有结构中的预埋筋，能使所植钢筋的技术性能得以充分利用。

3. 混凝土工程施工工艺

混凝土工程施工包括混凝土拌合料的制备、运输、浇筑、振捣、养护等工艺过程，传统的混凝土拌合料是在混凝土配合比确定后在施工现场进行配料和拌制，近年来，混凝土拌合料的制备实现了工业化生产，大多数城市实现了混凝土集中预拌，商品化供应混凝土拌合料，施工现场的混凝土工程施工工艺减少了制备过程。

（1）混凝土拌合料的运输

1）运输要求

混凝土拌合料自商品混凝土厂装车后，应及时运至浇筑地点。混凝土拌合料运输过程中一般要求：

① 保持其均匀性，不离析、不漏浆；

② 运到浇筑地点时应具有设计配合比所规定的坍落度；

③ 应在混凝土初凝前浇入模板并捣实完毕；

④ 保证混凝土浇筑能连续进行。

2）运输时间

混凝土从搅拌机卸出到浇筑进模后时间间隔不得超过表 4-3 中所列的数值。若使用快硬水泥或掺有促凝剂的混凝土，其运输时间由试验确定，轻骨料混凝土的运输、浇筑延续时间应适当缩短。

混凝土从搅拌机中卸出到浇筑完毕的延续时间（单位：min）　　表 4-3

混凝土强度等级	气温低于 25℃	气温高于 25℃
C30 及 C30 以下	120	90
高于 C30	90	60

3）运输方案及运输设备

混凝土拌合料自搅拌站运至工地，多采用混凝土搅拌运输车，在工地内，混凝土运输目前可以选择的组合方案有：

① "泵送"方案；

② "塔式起重机＋料斗"方案。

（2）混凝土浇筑

混凝土浇筑就是将混凝土放入已安装好的模板内并振捣密实以形成符合要求的结构或构件的施工过程，包括布料、振捣、抹平等工序。

1）混凝土浇筑的基本要求

① 混凝土应分层浇筑，分层捣实，但两层混凝土浇捣时间间隔不得超过规范规定；

② 浇筑应连续作业，在竖向结构中如浇灌高度超过 3m 时，应采用溜槽或串筒下料；

③ 在浇筑竖向结构混凝土前，应先在浇筑处底部填入 50～100mm 厚与混凝土内砂浆成分相同的水泥浆或水泥砂浆（接浆处理）。

④ 浇筑过程应经常观察模板及其支架、钢筋、埋设件和预留孔洞的情况，当发现有

变形或位移时，应立即快速处理。

2）混凝土振捣

在浇筑过程中，必须使用振捣工具振捣混凝土，尽快将拌合物中的空气振出，因为空气含量太多的混凝土会降低强度。用于振捣密实混凝土拌合物的机械，按其作业方式可分为：内部振动器、表面振动器、外部振动器和振动台。

（3）混凝土养护

养护方法有：自然养护、蒸汽养护、蓄热养护等。

对混凝土进行自然养护，是指在平均气温高于+5℃的条件下于一定时间内使混凝土保持湿润状态。自然养护又可分为洒水养护和喷洒塑料薄膜养生液养护等。

洒水养护是用吸水保温能力较强的材料（如草帘、芦席、麻袋、锯末等）将混凝土覆盖，经常洒水使其保持湿润。养护时间长短取决于水泥品种，硅酸盐水泥、普通硅酸盐水泥和矿渣硅酸盐水泥拌制的混凝土，不少于7d；火山灰质硅酸盐水泥和粉煤灰硅酸盐水泥拌制的混凝土不少于14d；有抗渗要求的混凝土不少于14d。洒水次数以能保持混凝土具有足够的润湿状态为宜。养护初期和气温较高时应增加洒水次数。

喷洒塑料薄膜养生液养护适用于不易洒水养护的高耸构筑物和大面积混凝土结构及缺水地区。

对于表面积大的构件（如地坪、楼板、屋面、路面等），也可用湿土、湿砂覆盖，或沿构件周边用黏土等围住，在构件中间蓄水进行养护。

混凝土必须养护至其强度达到1.2MPa以上，才准在上面行人和架设支架、安装模板，且不得冲击混凝土，以免振动和破坏正在硬化过程中的混凝土的内部结构。

（四）钢结构工程

1. 钢结构的主要连接方法

（1）焊接

钢结构工程常用的焊接方法有：药皮焊条手工电弧焊、自动（半自动）埋弧焊、气体保护焊。

1）药皮焊条手工电弧焊：原理是在涂有药皮的金属电极与焊件之间施加电压，由于电极强烈放电导致气体电离，产生焊接电弧，高温下致使焊条和焊件局部熔化，形成气体、熔渣、熔池，气体和熔渣对熔池起保护作用，同时，熔渣与熔池金属产生冶炼反应后凝固成焊渣，冷却凝成焊缝，固态焊渣覆盖于焊缝金属表面后成形。

2）埋弧焊：是当今生产效率较高的机械化焊接方法之一，又称焊剂层下自动电弧焊。焊丝与母材之间施加电压并相互接触放弧后使焊丝端部及电弧区周围的焊剂及母材熔化，形成金属熔滴、熔池及熔渣。金属熔池受到浮于表面的熔渣和焊剂蒸气的保护，不与空气接触，避免有害气体侵入。埋弧焊焊接质量稳定、焊接生产率高，无弧光烟尘少等优点，是压力容器、管段制造，焊接H型钢，十字形、箱形截面梁柱制作的主要方法。

3）气体保护焊：包括钨极氩弧焊（TIG）、熔化极气体保护焊（GMAW）等，目前应用较多的是CO_2气体保护焊。CO_2气体保护焊是采用喷枪喷出CO_2气体作为电弧焊的保护介质，使熔化金属与空气隔绝，保护焊接过程的稳定。用于钢结构的 CO_2 气体保护焊按焊丝分为：实芯焊丝 CO_2 气体保护焊（GMAW）和药芯焊丝 CO_2 气体保护焊（FCAW）。按熔滴过渡形式分为：短路过渡、滴状过渡、射滴过渡。按保护气体性质分为：纯 CO_2 气体保护焊和 $Ar+CO_2$ 气体保护焊。

（2）螺栓连接

1）普通螺栓连接

建筑钢结构中常用的普通螺栓牌号为 Q235。普通螺栓强度等级要低，一般为 4.4S、4.8S、5.6S 和 8.8S。例如 4.8S，"S"表示级，"4"表示栓杆抗拉强度为 400MPa，0.8表示屈强比，则屈服强度为 $400×0.8=320MPa$。

建筑钢结构中使用的普通螺栓，一般为六角头螺栓，常用规格有 M8、M10、M12、M16、M20、M24、M30、M36、M42、M48、M56、M64 等。普通螺栓质量等级按加工制作质量及精度分为 A、B、C 三个等级，A 级加工精度最高，C 级最差，A 级螺栓为精制螺栓，B 级螺栓为半精制螺栓，A、B 级适用于拆装式结构或连接部位需传递较大剪力的重要结构中，C 级螺栓为粗制螺栓，由圆钢压制而成，适用于钢结构安装中的临时固定，或用于承受静载的次要连接。普通螺栓可重复使用，建筑结构主结构螺栓连接，一般应选用高强螺栓，高强螺栓不可重复使用，属于永久连接的预应力螺栓。

2）高强度螺栓连接

高强度螺栓连接按受力机理分为：摩擦型高强度螺栓和承压型高强度螺栓。摩擦型高强度螺栓靠连接板叠间的摩擦阻力传递剪力，以摩擦力刚好被克服作为连接承载力的极限状态；承压型高强度螺栓是当剪力大于摩擦阻力后，以栓杆被剪断或连接板被挤坏作为承载力极限。

高强度螺栓按形状不同分为：大六角头型高强度螺栓和扭剪型高强度螺栓。大六角头型高强度螺栓一般采用指针式扭力（测力）扳手或预置式扭力（定力）扳手施加预应力，目前使用较多的是电动扭矩扳手，按拧紧力矩的 50% 进行初拧，然后按 100% 拧紧力矩进行终拧，大型节点初拧后，按初拧力矩进行复拧，最后终拧。扭剪型高强度螺栓的螺栓头为盘头，栓杆端部有一个承受拧紧反力矩的十二角体（梅花头），和一个能在规定力矩下剪断的断颈槽。扭剪型高强度螺栓通过特制的电动扳手，拧紧时对螺母施加顺时针力矩，对梅花头施加逆时针力矩，终拧至栓杆端部断颈拧掉梅花头为止。

大六角头螺栓常用 8.8S 和 10.9S 两个强度等级，扭剪型螺栓只有 10.9S，目前扭剪型 10.9S 使用较为广泛。10.9S 中的 10 表示抗拉强度为 1000MPa，9 表示屈服强度比为 0.9，屈服强度为 900MPa。国标扭剪型高强螺栓为 M16、M20、M22、M24 四种，非国标有 M27、M30 两种；国标大六角高强螺栓有 M12、M16、M20、M22、M24、M27、M30 等型号。

（3）自攻螺钉连接

自攻螺钉多用于薄金属板间的连接，连接时先对被连接板制出螺纹底孔，再将自攻螺钉拧入被连接件螺纹底孔中，由于自攻螺钉螺纹表面具有较高硬度（≥HRC45），其螺纹具有弧形三角截面普通螺纹，螺纹表面也具有较高硬度，可在被连接板的螺纹底孔中攻出内螺纹，从而形成连接。

自攻螺钉分为自钻自攻螺钉与普通自攻螺钉。不同之处在于普通自攻螺钉在连接时，须经过钻孔（钻螺纹底孔）和攻丝（包括紧固连接）两道工序；而自钻自攻螺钉在连接时，是将钻孔和攻丝两道工序合并后一次完成，先用螺钉前面的钻头进行钻孔，接着就用螺钉进行攻丝和紧固连接，可节约施工时间，提高工效。

自攻螺钉具有低拧入力矩和高锁紧性能的特点，在轻型钢结构中被广泛应用。

（4）铆钉连接

铆钉连接按照铆接应用情况，可以分为活动铆接、固定铆接、密缝铆接，在建筑工程中一般不使用。

2. 钢结构安装施工工艺

钢结构施工包括制作与安装两部分。

（1）钢结构安装工艺流程

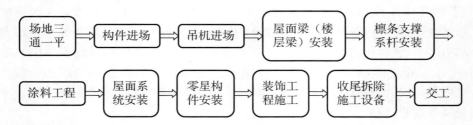

（2）钢结构安装施工要点

1）吊装前准备工作

① 安装前应对基础轴线和标高、预埋板位置、预埋与混凝土紧贴性进行检查、检测和办理交接手续。

② 超出规定的偏差，在吊装之前应设法消除，构件制作允许偏差应符合规范要求。

③ 准备好所需的吊具、吊索、钢丝绳、电焊机及劳保用品，为调整构件的标高准备好各种规格的铁垫片、钢楔。

2）吊装工作

① 吊点采用四点绑扎，绑扎点应用软材料垫至其中以防钢构件受损。

② 起吊时先将钢构件吊离地面 50cm 左右，使钢构件中心对准安装位置中心，然后徐徐升钩，将钢构件吊至需连接位置即刹车对准预留螺栓孔，并将螺栓穿入孔内，初拧作临时固定，同时进行垂直度校正和最后固定，经校正后，并终拧螺栓作最后固定。

3）钢构件连接要点

① 钢构件螺栓连接要点

A. 钢构件拼装前应检查清除飞边、毛刺、焊接飞溅物等，摩擦面应保持干燥、整洁，不得在雨中作业。

B. 高强度螺栓在大六角头上部有规格和螺栓号，安装时其规格和螺栓号要与设计图上要求相同，螺栓应能自由穿入孔内，不得强行敲打，并不得气割扩孔，穿放方向符合设计图纸的要求。

C. 从构件组装到螺栓拧紧，一般要经过一段时间，为防止高强度螺栓连接副的扭矩系数、标高偏差、预拉力和变异系数发生变化，高强度螺栓不得兼作安装螺栓。

D. 为使被连接板叠密贴，应从螺栓群中央顺序向外旋拧，即从节点中刚变大的中央按顺序向下受约束的边缘施拧。为防止高强度螺栓连接副的表面处理涂层发生变化影响预拉力，应在当天终拧完毕，为了减少先拧与后拧的高强度螺栓预拉力的差别，其拧紧必须分为初拧和终拧两步进行，对于大型节点，螺栓数量较多，则需要增加一道复拧工序，复拧扭矩仍等于初拧的扭矩，以保证螺栓均达到初拧值。

E. 高强度六角头螺栓施拧采用的扭矩扳手和检查采用的扭矩扳手在扳前和扳后均应进行扭矩校正。其扭矩误差应分别为使用扭矩的 $\pm5\%$ 和 $\pm3\%$。

对于高强度螺栓终拧后的检查，可用"小锤击法"逐个进行检查，此外应进行扭矩抽查，如果发现欠拧漏拧者，应及时补拧到规定扭矩，如果发现超拧的螺栓应更换。

对于高强度大六角螺栓扭矩检查采用"松扣、回扣法"，即先在累平杆的相对应位置划一组直线，然后将螺母退回约 $30°\sim50°$，再拧到与细直线重合时测定扭矩，该扭矩与检查扭矩的偏差在检查扭矩的 $\pm10\%$ 范围内为合格，扭矩检查应在终拧 $1h$ 后进行，并在终拧后 $24h$ 之内完成检查。

F. 高强度螺栓上、下接触面处加有 $1/20$ 以上斜度时应采用垫圈垫平。高强度螺栓孔必须是钻成的，孔边应无飞边、毛刺，中心线倾斜度不得大于 $2mm$。

② 钢构件焊接连接要点

A. 焊接区表面及其周围 $20mm$ 范围内，应用钢丝刷、砂轮、氧乙炔火焰等工具，彻底清除待焊处表面的氧化皮、锈、油污、水等污物。施焊前，焊工应复核焊接件的接头质量和焊接区域的坡口、间隙、钝边等的处理情况。当发现有不符合要求时，应修整合格后方可施焊。

B. 厚度 $12mm$ 以下板材，可不开坡口，采用双面焊，正面焊电流稍大，熔深达 $65\%\sim70\%$，反面达 $40\%\sim55\%$。厚度大于 $12\sim20mm$ 的板材，单面焊后，背面清根，再进行焊接。厚度较大板，开坡口焊，一般采用手工打底焊。

C. 多层焊时，一般每层焊高为 $4\sim5mm$，多道焊时，焊丝离坡口面 $3\sim4mm$ 处焊。

D. 填充层总厚度低于母材表面 $1\sim2mm$，稍凹，不得熔化坡口边。

E. 盖面层应使焊缝对坡口熔宽每边 $3\pm1mm$，调整焊速，使余高为 $0\sim3mm$。

F. 焊道两端加引弧板和熄弧板，引弧和熄弧焊缝长度应大于或等于 $80mm$。引弧和熄弧板长度大于或等于 $150mm$。引弧和熄弧板应采用气割方法切除，并修磨平整，不得用锤击落。

G. 埋弧焊每道焊缝熔敷金属横截面的成型系数（宽度：深度）应大于 1。

H. 不应在焊缝以外的母材上打火引弧。

（五）防水工程

1. 防水工程的主要种类

根据所用材料的不同，防水工程可分为柔性防水和刚性防水两大类。柔性防水用的是各类卷材和沥青胶结料等柔性材料；刚性防水采用的主要是砂浆和混凝土类的刚性材料。防水砂浆是通过增加防水层厚度和提高砂浆层的密实性来达到防水要求。防水混凝土是通过采用较小的水灰比，适当增加水泥用量和砂率，提高灰砂比，采用较小的骨料粒径，严格控制施工质量等措施，从材料和施工两方面抑制和减少混凝土内部孔隙的形成，特别是抑制孔隙间的连通，堵塞渗透水通道，靠混凝土本身的密实性和抗渗性来达到防水要求的混凝土。为了提高混凝土的防水要求，还可通过在混凝土中加入一定量的外加剂，如减水剂、加气剂、防水剂及膨胀剂等，以改善混凝土性能和结构的组成，提高其密实性和抗渗性，达到防水要求。混凝土类型一般有加气剂防水混凝土、减水剂防水混凝土、三乙醇胺防水混凝土、氯化铁防水混凝土等。

按工程部位和用途，防水工程又可分为屋面防水工程、地下防水工程、楼地面防水工程三大类。

2. 防水工程施工工艺

（1）防水砂浆工程施工工艺

1）刚性多层抹面水泥砂浆防水施工

刚性多层抹面水泥砂浆防水工程是利用不同配合比的水泥浆和水泥砂浆分层分次施工，相互交替抹压密实，充分切断各层次毛细孔网，形成一多层防渗的封闭防水整体。

① 工艺流程

② 施工要点

A. 刚性防水层的背水面基层的防水层采用四层做法（"二素二浆"），迎水面基层的防水层采用五层作法（"三素二浆"）。素浆和水泥浆的配合比按表 4-4 选用。

普通水泥砂浆防水层的配合比　　　　　　　　　　　　　　表 4-4

名称	配合比（质量比）		水灰比	适用范围
	水泥	砂		
素浆	1	—	0.55～0.60	水泥砂浆防水层的第一层
素浆	1	—	0.37～0.40	水泥砂浆防水层的第三、五层
砂浆	1	1.5～2.0	0.40～0.50	水泥砂浆防水层的第二、四层

B. 施工前要进行基层处理，清理干净表面、浇水湿润、补平表面蜂窝孔洞，使基层表面平整、坚实、粗糙，以增加防水层与基层间的黏结力。

C. 防水层每层应连续施工，素灰层与砂浆层应在同一天内施工完毕。为了保证防水层抹压密实，防水层各层间及防水层与基层间黏结牢固，必须作好素灰抹面、水泥砂浆揉浆和收压等施工关键工序。素灰层要求薄而均匀，抹面后不宜干撒水泥粉。揉浆是使水泥砂浆素灰相互渗透结合牢固，既保护素灰层又起防水作用，揉浆时严禁加水，以免引起防水层开裂、起粉、起砂。

2）掺防水剂水泥砂浆防水施工

掺防水剂的水泥砂浆又称防水砂浆，是在水泥砂浆中掺入占水泥重量的 3%～5%各种防水剂配制而成，常用的防水剂有氯化物金属盐类防水剂和金属皂类防水剂。

防水层施工时的环境温度为 5～35℃，必须在结构变形或沉降趋于稳定后进行。为防止裂缝产生，可在防水层内增设金属网片。其施工方法有：

① 抹压法。先在基层涂刷一层 1∶0.4 的水泥浆（重量比），随后分层铺抹防水砂浆，每层厚度为 5～10mm，总厚度不小于 20mm。每层应抹压密实，待下一层养护凝固后再铺抹上一层。

② 扫浆法。施工先在基层薄涂一层防水砂浆，随后分层铺刷防水砂浆，第一层防水砂浆经养护凝固后铺刷第二层，每层厚度为 10mm，相邻两层防水砂浆铺刷方向互相垂直，最后将防水砂浆表面扫出条纹。

③ 氯化铁防水砂浆施工。先在基层涂刷一层防水砂浆，然后抹底层防水砂浆，其厚 12mm 分两遍抹压，第一遍砂浆阴干后，抹压第二遍砂浆；底层防水砂浆抹完 12h 后，抹压面层防水砂浆，其厚 13mm 分两遍抹压，操作要求同底层防水砂浆。

3）聚合物水泥砂浆施工

掺入各种树脂乳液的防水砂浆，其抗渗能力，可单独用于防水工程或作防渗漏水工程的修补，获得较好的防水效果。因其价格较高，聚合物掺量比例要求较严。

（2）防水混凝土施工工艺

1）工艺流程

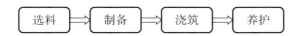

2）施工要点

① 选料：水泥强度等级不低于 42.5MPa，水化热低，抗水（软水）性好，泌水性小（即保水性好），有一定的抗侵蚀性的水泥。粗骨料选用级配良好、粒径 5～30mm 的碎石。细骨料选用级配良好、平均粒径 0.4mm 的中砂。

② 制备：在保证能振捣密实的前提下水灰比尽可能小，一般不大于 0.6，坍落度不大于 50mm，水泥用量在 320～400kg/m³ 之间，砂率取 35%～40%。

③ 防水混凝土施工

A. 模板

防水混凝土所用模板，除满足一般要求外，应特别注意模板拼缝严密，保证不漏浆。对于贯穿墙体的对拉螺栓，要加止水片，做法是在对拉螺栓中部焊一块 2～3mm 厚、80mm×80mm 的钢板，止水片与螺栓必须满焊严密，拆模后沿混凝土结构边缘将螺栓割断。也可以使用膨胀橡胶止水片，做法是将膨胀橡胶止水片紧套于对拉螺栓中部即可。

B. 钢筋

为了有效地保护钢筋和阻止钢筋的引水作用，迎水面防水混凝土的钢筋保护层厚度，不得小于 50mm。留设保护层，应以相同配合比的细石混凝土或水泥砂浆制成垫块，将钢筋垫起，严禁以钢筋垫钢筋。钢筋以及绑扎铁丝均不得接触模板。若采用铁马凳架设钢筋时，在不能取掉的情况下，应在铁马凳上加焊止水环，防止水沿铁马凳渗入混凝土结构。

C. 混凝土

在浇筑过程中，应严格分层连续浇筑，每层厚度不宜超过 300～400mm，机械振捣密实。浇筑防水混凝土的自由落下高度不得超过 1.5m。在常温下，混凝土终凝后（一般浇筑后 4～6h),就应在其表面覆盖草袋,并经常浇水养护,保持湿润,由于抗渗等级发展慢,养护时间比普通混凝土要长,故防水混凝土养护时间不少于 14d。防水混凝土结构拆模时,必须注意结构表面与周围气温的温差不应过大(一般不大于 15℃),否则会由于混凝土结构表面局部产生温度应力而出现裂缝,影响混凝土的抗渗性。拆模后应及时进行填土,以避免混凝土因干缩和温差产生裂缝,也有利于混凝土后期强度的增长和抗渗性提高。

D. 施工缝

底板混凝土应连续浇筑,不得留施工缝。墙体一般只允许留水平施工缝,其位置一般宜留在高出底板上表面不小于 500mm 的墙身上,如必须留设垂直施工缝时,则应留在结构的变形缝处。

为了使接缝严密,继续浇筑混凝土前,应将施工缝处混凝土凿毛,清除浮粒和杂物,用水清洗干净并保持湿润,再铺上一层厚 20～50mm 与混凝土成分相同的水泥砂浆,然后继续浇筑混凝土。

(3) 防水涂料防水工程施工工艺

防水涂料防水层属于柔性防水层。

涂料防水层是用防水涂料涂刷于结构表面所形成的表面防水层。一般采用外防外涂和外防内涂施工方法。常用的防水涂料有橡胶沥青类防水涂料、聚氨酯防水涂料、硅橡胶防水涂料、丙烯酸酯防水涂料、沥青类防水涂料等。

1) 工艺流程

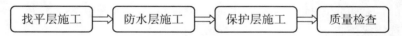

2) 施工要点

① 找平层施工(表 4-5)

找平层的种类及施工要求　　　　　　　　　　表 4-5

找平层类别	施工要点	施工注意事项
水泥砂浆找平层	(1) 砂浆配合比要称量准确,搅拌均匀,砂浆铺设应按由远到近、由高到低的程序进行,在每一分格内最好一次连续抹成,并用 2m 左右的直尺找平,严格掌握坡度。 (2) 待砂浆稍收水后,用抹子抹平压实压光。终凝前,轻轻取出嵌缝木条。 (3) 铺设找平层 12h 后,须洒水养护或喷冷底子油养护。 (4) 找平层硬化后,应用密封材料嵌填分格缝	(1) 注意气候变化,如气温在 0℃以下,或终凝前可能会下雨时,不宜施工。 (2) 底层为塑料薄膜隔离层防水层或不吸水保温层时,宜在砂浆中加减水剂并严格控制稠度。 (3) 完工后表面少踩踏。砂浆表面不允许撒干水泥或水泥浆压光。 (4) 屋面结构为装配式钢筋混凝土屋面板时,应用细石混凝土嵌缝,嵌缝的细石混凝土宜掺微膨胀剂,强度等级不应小于 C20。当板缝宽度大于 40mm 或上窄下宽时,板缝内应设置构造钢筋。灌缝高度应与板平齐,板端应用密封材料嵌缝

找平层类别	施工要点	施工注意事项
沥青砂浆找平层	(1) 基层必须干燥，然后满涂冷底子油1～2道，涂刷要薄而均匀，不得有气泡和空白，涂刷后表面保持清洁。 (2) 待冷底子油干燥后可铺设沥青砂浆，其虚铺厚度约为压实后厚度的1.30～1.40倍。 (3) 待砂浆刮平后，即用火滚进行滚压（夏天温度较高时，筒内可不生火）。滚压至平整、密实、表面没有蜂窝、不出现压痕为止。滚筒应保持清洁，表面可涂刷柴油。滚压不到之处可用烙铁烫压平整，施工完毕后避免在上面踩踏。 (4) 施工缝应留成斜槎，继续施工时接槎处应清理干净并刷热沥青一遍，然后铺沥青砂浆，用火滚或烙铁烫平	(1) 检查屋面板等基层安装牢固程度。不得有松动之处。屋面应平整、找好坡度并清扫干净。 (2) 雾、雨、雪天不得施工。一般不宜在气温0℃以下施工。如在严寒地区必须在气温0℃以下施工时应采取相应的技术措施（如分层分段流水施工及采取保温措施等）
细石混凝土找平层	(1) 细石混凝土宜采用机械搅拌和机械振捣。浇筑时混凝土的坍落度应控制在10mm，浇捣密实。灌缝高度应低于板面10～20mm。表面不宜压光。 (2) 浇筑完板缝混凝土后，应及时覆盖并浇水养护7d，待混凝土强度等级达到C15时，方可继续施工	施工前用细石混凝土对管壁四周处稳固堵严并进行密封处理，施工时节点处应清洗干净予以湿润，吊模后振捣密实。沿管的周边划出8～10mm沟槽，采用防水类卷材、涂料或油膏裹住立管、套管和地漏的沟槽内，以防止楼面的水有可能顺管道接缝处出现渗漏现象

② 防水层施工

A. 涂刷基层处理剂

基层处理剂涂刷时应用刷子用力薄涂，使涂料尽量刷进基层表面的毛细孔。并将基层可能留下来的少量灰尘等无机杂质，像填充料一样混入基层处理剂中，使之与基层牢固结合。这样即使屋面上灰尘不能完全清扫干净，也不会影响涂层与基层的牢固粘结。特别在较为干燥的屋面上进行溶剂型防水涂料施工时，使用基层处理剂打底后再进行防水涂料涂刷，效果相当明显。

B. 涂布防水涂料

厚质涂料宜采用铁抹子或胶皮板刮涂施工；薄质涂料可采用棕刷、长柄刷、圆滚刷等进行人工涂布，也可采用机械喷涂。涂料涂布应分条或按顺序进行，分条进行时，每条宽度应与胎体增强材料宽度相一致，以避免操作人员踩踏刚涂好的涂层。流平性差的涂料，为便于抹压，加快施工进度，可以采用分条间隔施工的方法，条带宽800～1000mm。

C. 铺设胎体增强材料

在涂刷第2遍涂料时，或第3遍涂料涂刷前，即可加铺胎体增强材料。胎体增强材料可采用湿铺法或干铺法铺贴。

湿铺法是在第2遍涂料涂刷时，边倒料、边涂布、边铺贴的操作方法。

干铺法是在上道涂层干燥后，边干铺胎体增强材料，边在已展平的表面上用刮板均匀满刮一道涂料。也可将胎体增强材料按要求在已干燥的涂层上展平后，用涂料将边缘部位点粘固定，然后再在上面满刮一道涂料，使涂料浸入网眼渗透到已固化的涂膜上。

胎体增强材料可以是单一品种的，也可以采用玻璃纤维布和聚酯纤维布混合使用。混合使用时，一般下层采用聚酯纤维布，上层采用玻璃纤维布。

D. 收头处理

为了防止收头部位出现翘边现象，所有收头均应用密封材料压边，压边宽度不得小于10mm，收头处的胎体增强材料应裁剪整齐，如有凹槽时应压入凹槽内，不得出现翘边、皱折、露白等现象，否则应进行处理后再涂封密封材料。

③ 保护层施工（表 4-6）

保护层的种类及施工要求

表 4-6

保护层类别	施工要点	施工注意事项
细石混凝土保护层	适宜顶板和底板使用。先以氯丁系胶粘剂（如 404 胶等）花粘虚铺一层石油沥青纸胎油毡作保护隔离层，再在油毡隔离层上浇筑细石混凝土，用于顶板保护层时厚度不应小于 70mm。用于底板时厚度不应小于 50mm	浇筑混凝土时不得损坏油毡隔离层和卷材防水层，如有损坏应及时用卷材接缝胶粘剂补粘一块卷材修补牢固。再继续浇筑细石混凝土
水泥砂浆保护层	适宜立面使用。在三元乙丙等高分子卷材防水层表面涂刷胶粘剂，以胶粘剂撒粘一层细砂，并用压辊轻轻滚压使细砂粘牢在防水层表面，然后再抹水泥砂浆保护层。使之与防水层能粘结牢固，起到保护立面卷材防水层的作用	
泡沫塑料保护层	适用于立面。在立面卷材防水层外侧用氯丁系胶粘剂直接粘贴 5~6mm 厚的聚乙烯泡沫塑料板做保护层。也可以用聚醋酸乙烯乳液粘贴 40mm 厚的聚苯泡沫塑料做保护层	这种保护层为轻质材料，故在施工及使用过程中不会损坏卷材防水层
砖墙保护层	适用于立面。在卷材防水层外侧砌筑永久保护墙，并在转角处及每隔 5~6m 断开，断开的缝中填以卷材条或沥青麻丝；保护墙与卷材防水层之间的空隙应随时以砌筑砂浆填实	要注意在砌砖保护墙时，切勿损坏已完工的卷材防水层

（4）卷材防水工程施工工艺

1）工艺流程

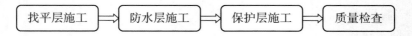

找平层施工 → 防水层施工 → 保护层施工 → 质量检查

2）施工要点

① 地面防水可采用在水泥类找平层上铺设沥青类防水卷材、防水涂料或水泥类材料防水层，以涂膜防水最佳。

② 水泥类找平层表面应坚固、洁净、干燥。铺设防水卷材或涂刷涂料前应涂刷基层处理剂，基层处理剂应采用与卷材性能配套（相容）的材料，或采用同类涂料的底子油。

③ 当采用掺有防水剂的水泥类找平层作为防水隔离层时，防水剂的掺入量和水泥强度等级（或配合比）应符合设计要求。

④ 地面防水层应做在面层以下，四周卷起，高出地面不小 100mm。

⑤ 地面向地漏处的排水坡度一般为 2%~3%，地漏周围 50mm 范围内的排水坡度为 3%~5%。地漏标高应根据门口至地漏的坡度确定，地漏上口标高应低于周围 20mm 以上，以利排水畅通。地面排水坡度和坡向应正确，不可出现倒坡和低洼。

⑥ 所有穿过防水层的预埋件、紧固件注意联结可靠（空心砌体，必要时应将局部用C15 混凝土填实），其周围均应采用高性能密封材料密封。洁具、配件等设备沿墙周边及地漏口周围、穿墙、地管道周围均应嵌填密封材料，地漏离墙面净距离宜≥80mm。

⑦ 轻质隔墙离地 100～150mm 以下应做成 C20 混凝土；混凝土空心砌块砌筑的隔墙，最下一层砌块之空心应用 C15 混凝土填实；卫生间防水层宜从地面向上一直做到楼板底；公共浴室还应在平顶粉刷中加作聚合物水泥基防水涂膜，厚度≥0.5mm。

⑧ 卷材防水应采用沥青防水卷材或高聚物改性沥青防水卷材，所选用的基层处理剂、胶粘剂应与卷材配套。防水卷材及配套材料应有产品合格证书和性能检测报告，材料的品种、规格、性能等应符合现行国家产品标准和设计要求。

五、施工项目管理

施工项目管理是指建筑企业运用系统的观点、理论和方法对施工项目进行的决策、计划、组织、控制、协调等全过程的全面管理。

施工项目管理具有以下特点：

（1）施工项目管理的主体是建筑企业。其他单位都不进行施工项目管理，例如建设单位对项目的管理称为建设项目管理，设计单位对项目的管理称为设计项目管理。

（2）施工项目管理的对象是施工项目。施工项目管理周期包括工程投标、签订施工合同、施工准备、施工、竣工验收、保修等。施工项目具有多样性、固定性和体型庞大等特点，因此施工项目管理具有先有交易活动，后有"生产成品"，生产活动和交易活动很难分开等特殊性。

（3）施工项目管理的内容是按阶段变化的。由于施工项目各阶段管理内容差异大，因此要求管理者必须进行有针对性的动态管理，要使资源优化组合，以提高施工效率和效益。

（4）施工项目管理要求强化组织协调工作。由于施工项目生产活动具有独特性（单件性）、流动性、露天作业、工期长、需要资源多，且施工活动涉及的经济关系、技术关系、法律关系、行政关系和人际关系复杂等特点，因此，必须通过强化组织协调工作才能保证施工活动的顺利进行。主要强化办法是优选项目经理，建立调度机构，配备称职的调度人员，努力使调度工作科学化、信息化，建立起动态的控制体系。

（一）施工项目管理的内容及组织

1. 施工项目管理的内容

施工项目管理包括以下八方面内容：

（1）建立施工项目管理组织

根据施工项目管理组织原则，结合工程规模、特点，选择合适的组织形式，建立施工项目管理机构，明确各部门、各岗位的责任、权限和利益；在符合企业规章制度的前提下，根据施工项目管理的需要，制定施工项目经理部管理制度。

（2）编制施工项目管理规划

在工程投标前，由企业管理层编制施工项目管理大纲，对施工项目管理从投标到保修期满进行全面的纲要性规划。施工项目管理大纲可以用施工组织设计替代。

在工程开工前，由项目经理组织编制施工项目管理实施规划，对施工项目管理从开工到交工验收进行全面的指导性规划。当承包人以施工组织设计代替项目管理规划时，施工组织设计应满足项目管理规划的要求。

（3）施工项目的目标控制

在施工项目实施的全过程中，应对项目质量、进度、成本和安全目标进行控制，以实现项目的各项约束性目标。控制的基本过程是：确定各项目标控制标准；在实施过程中，通过检查、对比，衡量目标的完成情况；将衡量结果与标准进行比较，若有偏差，分析原因，采取相应的措施以保证目标的实现。

（4）施工项目的生产要素管理

施工项目的生产要素主要包括劳动力、材料、机械设备、技术和资金。管理生产要素的内容有：分析各生产要素的特点；按一定的原则、方法，对施工项目的生产要素进行优化配置并评价；对施工项目各生产要素进行动态管理。

（5）施工项目的合同管理

为了确保施工项目管理及工程施工的技术组织效果和目标实现，从工程投标开始，就要加强工程承包合同的策划、签订、履行和管理。同时，还应做好签证与索赔工作，讲究索赔的方法和技巧。

（6）施工项目的信息管理

进行施工项目管理和施工项目目标控制、动态管理，必须在项目实施的全过程中，充分利用计算机对项目有关的各类信息进行收集、整理、储存和使用，提高项目管理的科学性和有效性。

（7）施工现场的管理

在施工项目实施过程中，应对施工现场进行科学有效的管理，以达到文明施工、保护环境、塑造良好的企业形象、提高施工管理水平的目的。

（8）组织协调

协调和控制都是计划目标实现的保证。在施工项目实施过程中，应进行组织协调，沟通和处理好内部及外部的各种关系，排除各种干扰和障碍。

2. 施工项目管理的组织机构

（1）施工项目管理组织的主要形式

施工项目管理组织的形式是指在施工项目管理组织中处理管理层次、管理跨度、部门设置和上下级关系的组织结构的类型。主要的管理组织形式有直线式、职能式、矩阵式、事业部式等。

1）直线式项目组织

直线式项目组织是指为了完成某个特定项目，从企业各职能部门抽调专业人员组成项目经理部。项目经理部的成员与原来的职能部门暂时脱离管理关系，成为项目的全职人员。项目部各职能部门（或岗位）对工程的成本、进度、质量、安全等目标进行控制，并由项目经理组织和协调各职能部门的工作，其形式如图5-1所示。

直线式项目组织适用于大型项目，工期要求紧，要求多工种、多部门密切配合的项目。图5-2是某大型施工项目中采用的直线式项目组织结构。

2）职能式项目组织

职能式项目组织是指在各管理层之间设置职能部门，上下层次通过职能部门进行管理的一种组织结构形式。在这种组织形式中，由职能部门在所管辖的业务范围内指挥下级。这种组织形式加强了施工项目目标控制的职能化分工，能够发挥职能机构的专业化管理作用，但由于一个工作部门有多个指令源，可能使下级在工作中无所适从。其形式如图5-3所示。

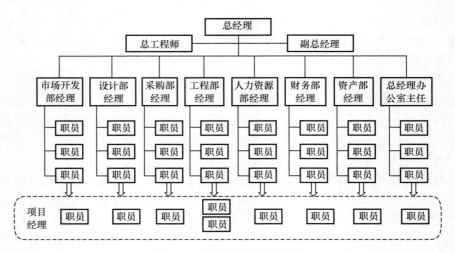

图 5-1　直线式项目组织形式

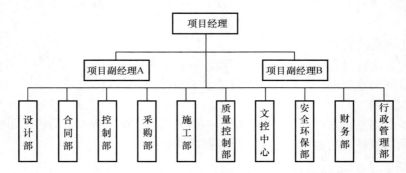

图 5-2　某大型施工项目采用的直线式项目组织结构

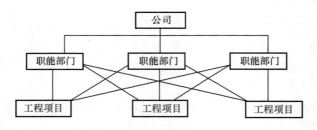

图 5-3　职能式项目组织形式

3）矩阵式项目组织

矩阵式项目组织是指结构形式呈矩阵状的组织，其项目管理人员由企业有关职能部门派出并进行业务指导，接受项目经理的直接领导，其形式如图 5-4 所示。

矩阵式项目组织适用于同时承担多个需要进行项目管理工程的企业。在这种情况下，各项目对专业技术人才和管理人员都有需求，加在一起数量较大，采用矩阵式组织可以充分利用有限的人才对多个项目进行管理，特别有利于发挥优秀人才的作用；适用于大型、复杂的施工项目。因大型复杂的施工项目要求多部门、多技术、多工种配合实施，在不同阶段，对不同人员，在数量和搭配上有不同的需求。

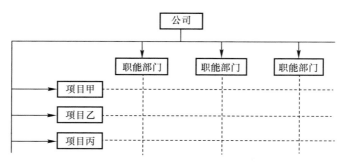

图 5-4　矩阵式项目组织形式

4）事业部式项目组织

企业成立事业部，事业部对企业来说是职能部门，对外界来说享有相对独立的经营权，是一个独立单位。事业部可以按地区设置，也可以按工程类型或经营内容设置，在事业部下边设置项目经理部。项目经理由事业部选派，一般对事业部负责，有的可以直接对业主负责，这是根据其授权程度决定的。

事业部式项目组织适用于大型经营性企业的工程承包，特别是适用于远离公司本部的工程承包。需要注意的是，一个地区只有一个项目，没有后续工程时，不宜设立地区事业部，也就是说它适用于在一个地区内有长期市场或一个企业有多种专业化施工力量时采用。在这种情况下，事业部与地区市场同寿命，地区没有项目时，该事业部应撤销。

（2）施工项目经理部

施工项目经理部是由企业授权，在施工项目经理的领导下建立的项目管理组织机构，是施工项目的管理层，其职能是对施工项目实施阶段进行综合管理。

1）项目经理部的性质

施工项目经理部的性质可以归纳为以下三方面：

① 相对独立性。施工项目经理部的相对独立性主要是指它与企业存在着双重关系。一方面，它作为企业的下属单位，同企业存在着行政隶属关系，要绝对服从企业的全面领导；另一方面，它又是一个施工项目独立利益的代表，存在着独立的利益，同企业形成一种经济承包或其他形式的经济责任关系。

② 综合性。施工项目经理部的综合性主要表现在以下几方面：

A. 施工项目经理部是企业所属的经济组织，主要职责是管理施工项目的各种经济活动。

B. 施工项目经理部的管理职能是综合的，包括计划、组织、控制、协调、指挥等多方面。

C. 施工项目经理部的管理业务是综合的，从横向看包括人、财、物、生产和经营活动，从纵向看包括施工项目寿命周期的主要过程。

③ 临时性。施工项目经理部是企业一个施工项目的责任单位，随着项目的开工而成立，随着项目的竣工而解体。

2）项目经理部的作用

① 负责施工项目从开工到竣工的全过程施工生产经营的管理，对作业层负有管理与

服务的双重责任。

② 为项目经理决策提供信息依据，执行项目经理的决策意图，由项目经理全面负责。

③ 项目经理部作为项目团队，应具有团队精神，完成企业所赋予的基本任务—项目管理；凝聚管理人员的力量；协调部门之间、管理人员之间的关系；影响和改变管理人员的观念和行为，沟通部门之间、项目经理部与作业队之间、与公司之间、与环境之间的关系。

④ 项目经理部是代表企业履行工程承包合同的主体，对项目产品和建设单位负责。

3）建立施工项目经理部的基本原则

① 根据所设计的项目组织形式设置。因为项目组织形式与项目的管理方式有关，与企业对项目经理部的授权有关。不同的组织形式对项目经理部的管理力量和管理职责提出了不同要求，提供了不同的管理环境。

② 根据施工项目的规模、复杂程度和专业特点设置。例如，大型项目经理部可以设职能部、处；中型项目经理部可以设处、科；小型项目经理部一般只需设职能人员即可。如果项目的专业性强，便可设置专业性强的职能部门，如水电处、安装处、打桩处等。

③ 根据施工工程任务需要调整。项目经理部是一个具有弹性的一次性管理组织，随着工程项目的开工而组建，随着工程项目的竣工而解体，不应搞成一级固定性组织。在工程施工开始前建立，在工程竣工交付使用后解体。项目经理部不应有固定的作业队伍，而是根据施工的需要，由企业（或授权给项目经理部）在社会市场吸收人员，进行优化组合和动态管理。

④ 适应现场施工的需要。项目经理部的人员配置应面向现场，满足现场的计划与调度、技术与质量、成本与核算、劳务与物资、安全与文明施工的需要。而不应设置专营经营与咨询、研究与发展、政工与人事等与项目施工关系较少的非生产性管理部门。

4）项目经理部部门设置

不同企业的项目经理部，其部门的数量、名称和职责都有较大差异，但以下 5 个部门是基本的：

① 经营核算部门。主要负责工程预结算、合同与索赔、资金收支、成本核算、工资分配等工作。

② 技术管理部门。主要负责生产调度、文明施工、劳动管理、技术管理、施工组织设计、计划统计等工作。

③ 物资设备供应部门。主要负责材料的询价、采购、计划供应、管理、运输，工具管理，机械设备的租赁，保养维修等工作。

④ 质量安全部门。主要负责工程质量、安全管理、消防保卫、环境保护等工作。

⑤ 安全后勤部门。主要负责行政管理、后勤保险等工作。

5）项目部岗位设置及职责

① 岗位设置

根据项目大小不同，人员安排不同，项目部领导层从上往下设置项目经理、项目技术负责人等；项目部设置最基本的六大岗位：施工员、质量员、安全员、资料员、造价员、测量员，其他还有材料员、标准员、机械员、劳务员等。

② 岗位职责

在现代施工企业的项目管理中，施工项目经理是施工项目的最高责任人和组织者，是决定施工项目盈亏的关键性角色。一般说来，人们习惯于将项目经理定位于企业的中层管理者或中层干部，然而由于项目管理及项目环境的特殊性，在实践中的项目经理所行使的管理职权与企业职能部门的中层干部往往是有所不同的。前者体现在决策职能的增强上，着重于目标管理；而后者则主要表现为控制职能的强化，强调和讲究的是过程管理。实际上，项目经理应该是职业经理式的人物，是复合型人才，是通才。他应该懂法律、善管理、会经营、敢负责、能公关等，具有各方面的较为丰富的经验和知识，而职能部门的负责人则往往是专才，是某一技术专业领域的专家。对项目经理的素质和技能要求在实践中往往是同企业中的总经理完全相同的。如图 5-5 所示。

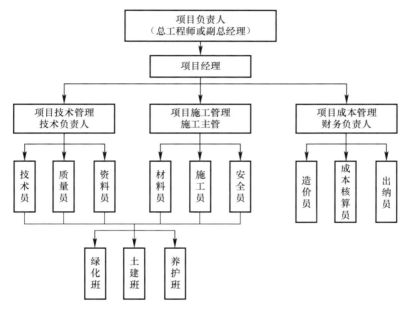

图 5-5　某项目部组织机构框图

项目技术负责人是在项目部经理的领导下，负责项目部施工生产、工程质量、安全生产和机械设备管理工作。

施工员、质量员、安全员、资料员、造价员、测量员、材料员、标准员、机械员、劳务员都是项目的专业人员，是施工现场的管理者。

6）项目经理部的解体

项目经理部是一次性具有弹性的施工现场生产组织机构，工程临近结尾时，业务管理人员乃至项目经理要陆续撤走，因此，必须重视项目经理部的解体和善后工作。企业工程管理部门是项目经理部解体善后工作的主管部门，主要负责项目经理部的解体后工程项目在保修期间问题的处理，包括因质量问题造成的返（维）修、工程剩余价款的结算以及回收等。

（二）施工项目目标控制

施工项目的目标控制主要包括：施工项目进度控制、施工项目质量控制、施工项目成本控制、施工项目安全控制四个方面。

1. 施工项目目标控制的任务

（1）施工项目进度控制的任务

施工项目进度控制的总目标是确保施工项目的合同工期的实现，或者在保证施工质量和不因此而增加施工实际成本的条件下，适当缩短工期。

施工项目进度控制的任务是：在既定的工期内，编制出最优的施工进度计划；在执行该计划的施工中，经常检查施工实际进度情况，并将其与计划进度相比较；若出现偏差，便分析产生的原因和对工期的影响程度，找出必要的调整措施，修改原计划，不断地如此循环，直至工程竣工验收。

（2）施工项目质量控制的任务

施工项目质量控制的任务是：在准备阶段编制施工技术文件，制定质量管理计划和质量控制措施、进行施工技术交底；在项目施工阶段对实施情况进行监督、检查和测量，并将项目实施结果与事先制定的质量标准进行比较，判断其是否符合质量标准，找出存在的质量问题，分析质量问题的形成原因，采取补救措施。

（3）施工项目成本控制的任务

施工项目成本控制的任务是：先预测目标成本，然后编制成本计划；在项目实施过程中，收集实际数据，进行成本核算；对实际成本和计划成本进行比较，如果发生偏差，应及时进行分析，查明原因，并及时采取有效措施，不断降低成本。将各项生产费用控制在原来所规定的标准和预算之内，以保证实现规定的成本目标。

（4）施工项目安全控制的任务

施工项目安全管理的内容包括职业健康、安全生产和环境管理。

职业健康管理的主要任务是制定并落实职业病、传染病的预防措施；为员工配备必要的劳动保护用品，按要求购买保险；组织员工进行健康体检，建立员工健康档案等。

安全生产管理的主要任务是制定安全管理制度、编制安全管理计划和安全事故应急预案；识别现场的危险源，采取措施预防安全事故；重视安全教育培训、安全检查，提高员工的安全意识和安全生产素质。

环境管理的主要任务是规范现场的场容环境，保持作业环境的整洁卫生；预防环境污染事件，减少施工对周围居民和环境的影响等。

2. 施工项目目标控制的措施

（1）施工项目进度控制的措施

施工项目进度控制的措施主要有组织措施、技术措施、合同措施、经济措施和信息管理措施等。

组织措施主要是指落实各级进度控制的人员及其具体任务和工作责任，建立进度控制的组织系统；按照施工项目的结构、施工阶段或合同结构的层次进行项目分解，确定各分项进度控制的工期目标，建立进度控制的工期目标体系；建立进度控制的工作制度，如定期检查的时间、方法，召开协调会议的时间、参加人员等，并对影响施工实际进度的主要因素进行分析和预测，制订调整施工实际进度的组织措施。

技术措施主要是指应尽可能采用先进的施工技术、方法和新材料、新工艺、新技术，保证进度目标实现；落实施工方案，在发生问题时，能适时调整工作之间的逻辑关系，加快施工进度。

合同措施是指通过合同的跟踪控制保证工期进度的实现，即保持总进度控制目标与合同总工期相一致；分包合同的工期符合总包合同要求；供货、供电、运输、构件加工等合同规定的提供服务时间与有关的进度控制目标相一致。

经济措施是指要制订切实可行的实现施工计划进度所必需的资金保证措施，包括落实实现进度目标的保证资金；签订并实施关于工期和进度的经济承包责任制；建立并实施关于工期和进度的奖惩制度。

信息管理措施是指建立完善的工程统计管理体系和统计制度，详细、准确、定时地收集有关工程实际进度情况的资料和信息，并进行整理统计，得出工程施工实际进度完成情况的各项指标，将其与施工计划进度的各项指标进行比较，定期地向建设单位提供施工进度比较报告。

（2）施工项目质量控制的措施

1）提高管理、施工及操作人员自身素质

管理、施工及操作人员素质的高低对工程质量起决定性的作用。首先，应提高所有参与工程施工人员的质量意识，让他们树立五大观念，即质量第一的观念、预控为主的观念、为用户服务的观念、用数据说话的观念以及社会效益与企业效益相结合的综合效益观念。其次，要搞好人员培训，提高员工素质。要对现场施工人员进行质量知识、施工技术、安全知识等方面的教育和培训，提高施工人员的综合素质。

2）建立完善的质量保证体系

工程项目质量保证体系是指现场施工管理组织的施工质量自控系统或管理系统，即施工单位为保证工程项目的质量管理和目标控制，以现场施工管理组织机构为基础，通过质量目标的确定和分解，管理人员和资源的配置，质量管理制度的建立和完善，形成具有质量控制和质量保证能力的工作系统。

施工项目质量保证体系的内容应根据施工管理的需要并结合工程特点进行设置，具体如下：

① 施工项目质量控制的目标体系；

② 施工项目质量控制的工作分工；

③ 施工项目质量控制的基本制度；

④ 施工项目质量控制的工作流程；

⑤ 施工项目质量计划或施工组织设计；

⑥ 施工项目质量控制点的设置和控制措施的制订；

⑦ 施工项目质量控制关系网络设置及运行措施。

3）加强原材料质量控制

一是提高采购人员的政治素质和质量鉴定水平，使那些有一定专业知识又忠于事业的人担任该项工作。二是采购材料要广开门路，综合比较，择优进货。三是施工现场材料人员要会同工地负责人、甲方等有关人员对现场设备及进场材料进行检查验收。特殊材料要有说明书和试验报告、生产许可证，对钢材、水泥、防水材料、混凝土外加剂等必须进行复试和见证取样试验。

4）提高施工的质量管理水平

每项工程有总体施工方案，每一分项工程施工之前也要做到方案先行，并且施工方案必须实行分级审批制度，方案审完后还要做出样板，反复对样板中存在的问题进行修改，直至达到设计要求方可执行。在工程实施过程中，根据出现的新问题、新情况，及时对施工方案进行修改。

5）确保施工工序的质量

工程项目的施工过程，是由一系列相互关联、相互制约的工序所构成，工序质量是构成工程质量的最基本的单元，上道工序存在质量缺陷或隐患，不仅使本工序质量达不到标准的要求，而且直接影响下道工序及后续工程的质量与安全，进而影响最终成品的质量。因此，在施工中要建立严格的交接班检查制度，在每一道工序进行中，必须坚持自检、互检。如监理人员在检查时发现质量问题，应分析产生问题的原因，要求承包人采取合适的措施进行修整或返工。处理完毕，合格后方可进行下一道工序施工。

6）加强施工项目的过程控制

施工人员的控制。施工项目管理人员由项目经理统一指挥，各自按照岗位标准进行工作，公司随时对项目管理人员的工作状态进行考核，并如实记录考察结果存入工程档案之中，依据考核结果，奖优罚劣。

施工材料的控制。施工材料的选购，必须是经过考察后合格的、信誉好的材料供应商，在材料进场前必须先报验，经检测部门合格后的材料方能使用，从而保证质量，又能节约成本。

施工工艺的控制。施工工艺的控制是决定工程质量好坏的关键。为了保证工艺的先进性、合理性，公司工程部针对分项分部工程编制作业指导书，并下发各基层项目部技术人员，合理安排创造良好的施工环境，保证工程质量。

加强专项检查，开展自检、专检、互检活动，及时解决问题。各工序完工后由班组长组织质量员对本工序进行自检、互检。自检时，严格执行技术交底及现行规程、规范，在自检中发现问题由班组自行处理并填写自检记录，班组自检记录填写完善，自检的问题已确实修正后，方可由项目专职质量员进行验收。

（3）施工项目安全控制的措施

1）安全制度措施

项目经理部必须执行国家、行业、地区安全法规、标准，并以此制定本项目的安全管理制度，主要包括：

① 行政管理方面：安全生产责任制度；安全生产例会制度；安全生产教育制度；安全生产检查制度；伤亡事故管理制度；劳保用品发放及使用管理制度；安全生产奖惩制度；工程开竣工的安全制度；施工现场安全管理制度；安全技术措施计划管理制度；特殊作业安全管理制度；环境保护、工业卫生工作管理制度；锅炉、压力容器安全管理制度；场区交通安全管理制度；防火安全管理制度；意外伤害保险制度；安全检举和控告制度等。

② 技术管理方面：关于施工现场安全技术要求的规定；各专业工种安全技术操作规程；设备维护检修制度等。

2）安全组织措施

① 建立施工项目安全管理组织系统。

② 建立与项目安全组织系统相配套的各专业、各部门、各生产岗位的安全责任系统。

③ 建立项目经理的安全生产职责及项目班子成员的安全生产职责。

④ 作业人员安全纪律。现场作业人员与施工安全生产关系最为密切，他们遵守安全生产纪律和操作规程是安全控制的关键。

3）安全技术措施

施工准备阶段的安全技术措施见表 5-1，施工阶段的安全技术措施见表 5-2。

施工准备阶段的安全技术措施 　　　　　　　表 5-1

施工准备阶段	内容
技术准备	① 了解工程设计对安全施工的要求； ② 调查工程的自然环境（水文、地质、气候、洪水、雷击等）和施工环境（地下设施、管道及电缆的分布与走向、粉尘、噪声等）对施工安全的影响，及施工时对周围环境安全的影响； ③ 当改扩建工程施工与建设单位使用或生产发生交叉可能造成双方伤害时，双方应签订安全施工协议，搞好施工与生产的协议，以明确双方责任，共同遵守安全事项； ④ 在施工组织设计中，编制切实可行、行之有效的安全技术措施，并严格履行审批手续，送安全部门备案
物资准备	① 及时供应质量合格的安全防护用品（安全帽、安全带、安全网等）满足施工需要； ② 保证特殊工种（电工、焊工、爆破工、起重工等）使用的工具器械质量合格，技术性能良好； ③ 施工机具、设备（起重机、卷扬机、电锯、平面刨、电气设备）、车辆等需经安全技术性能检测，鉴定合格、防护装置齐全、制动装置可靠，方可进场使用； ④ 施工周转材料（脚手杆、扣件、跳板等）须经认真挑选，不符合安全要求的禁止使用
施工现场准备	① 按施工总平面图要求做好现场施工准备； ② 现场各种临时设施和库房的布置，特别是炸药库、油库的布置，易燃易爆品的存放都必须符合安全规定和消防要求，并经公安消防部门批准； ③ 电气线路、配电设备应符合安全要求，有安全用电防护措施； ④ 场内道路应通畅，设交通标志，危险地带设危险信号及禁止通行标志，以保证行人和车辆通行安全； ⑤ 现场周围和陡坡及沟坑处设好围栏、防护板，现场入口处设"无关人员禁止入内"的标志及警示标志； ⑥ 塔式起重机等起重设备安置应与输电线路、永久的或临时的工程间要有足够的安全距离，避免碰撞，以保证搭设脚手架、安全网的施工距离； ⑦ 现场设消火栓，应有足够有效的灭火器材
施工队伍准备	① 新工人、特殊工种工人须经岗位技术培训与安全教育后，持合格证上岗； ② 高险难作业工人须经身体检查合格后，方可施工作业； ③ 开工前，项目经理应对全体人员进行安全教育、安全技术交底、形成由相关人员签字的三级安全教育卡和安全技术交底记录

施工阶段的安全技术措施 表 5-2

施工阶段	内容
一般施工	① 单项工程、单位工程均有安全技术措施，分部分项工程有安全技术具体措施，施工前由技术负责人向有关人员进行安全技术交底； ② 安全技术应与施工生产技术相统一，各项安全技术措施必须在相应的工序施工前做好； ③ 操作者严格遵守相应的操作规程，实行标准化作业； ④ 施工现场的危险地段应设有防护、保险、信号装置及危险警示标志； ⑤ 针对采用的新工艺、新技术、新设备、新结构制定专门的施工安全技术措施； ⑥ 有预防自然灾害（防台风、雷击、防洪排水、防暑降温、防寒、防冻、防滑等）的专门安全技术措施； ⑦ 在明火作业（焊接、切割、熬沥青等）现场应有防火、防爆安全技术措施； ⑧ 有特殊工程、特殊作业的专业安全技术措施，如土石方施工安全技术、爆破安全技术、脚手架安全技术、起重吊装安全技术、电气安全技术、高处作业及主体交叉作业安全技术、焊割安全技术、防火安全技术、交通运输安全技术、安装工程安全技术、烟囱及筒仓安全技术等
拆除工程	① 详细调查拆除工程结构特点和强度，电线线路，管道设施等现状，制定可靠的安全技术方案； ② 拆除建筑物之前，在建筑物周围划定危险警戒区域，设立安全围栏，禁止无关人员进入作业区； ③ 拆除工作开始前，先切断被拆除建筑物的电线、供水、供热、供煤气的通道； ④ 拆除工作应按自上而下顺序进行，禁止数层同时拆除，必要时要对底层或下部结构进行加固； ⑤ 栏杆、楼梯、平台应与主体拆除程度配合进行，不能先行拆除； ⑥ 拆除作业工人应站在脚手架上或稳固的结构部分操作，拆除承重梁和柱之间应先拆除其承重的全部结构、并防止其他部分坍塌； ⑦ 拆下的材料要及时清理运走，不得在旧楼板上集中堆放，以免超负荷； ⑧ 被拆除的建筑物内需要保留的部分或需保留的设备事先搭好防护棚； ⑨ 一般不采用推倒方法拆除建筑物，必须采用推倒方法的应采取特殊安全措施

（4）施工项目成本控制的措施

1）组织措施

组织措施是从施工成本控制的组织方面采取的措施。组织措施是其他各类措施的前提和保障，而且一般不需要增加什么费用，运用得当可以收到良好的效果。组织措施的一方面，要使施工成本控制成为全员的活动。施工成本管理不仅是专业成本管理人员的工作，各级项目管理人员都负有成本控制责任，如实行项目经理责任制，落实施工成本管理的组织机构和人员，明确各级施工成本管理人员的任务和职能分工、权利和责任。另一方面，编制施工成本控制工作计划，确定合理详细的工作流程。要做好施工采购规划，通过生产要素的优化配置、合理使用、动态管理，有效控制实际成本；加强施工定额管理和施工任务管理，控制活劳动和物化劳动的消耗；加强施工调度，避免因施工计划不周和盲目调度造成窝工损失、机械利用率降低、物料积压等而使施工成本增加。

2）技术措施

采取先进的技术措施，走技术与经济相结合的道路，确定科学合理的施工方案和工艺技术，以技术优势来取得经济效益是降低项目成本的关键。首先，制定先进合理的施工方案和施工工艺，合理布置施工现场，不断提高工程施工工业化、现代化水平，以达到缩短工期、提高质量、降低成本的目的。其次，在施工过程中大力推广各种降低消耗、提高工效的新工艺、新技术、新材料、新设备和其他能降低成本的技术革新措施，提高经济效益。最后，加强施工过程中的技术质量检验制度和力度，严把质量关，提高工程质量，杜绝返工现象和损失，减少浪费。

3）经济措施

① 控制人工费用。控制人工费的根本途径是提高劳动生产率，改善劳动组织结构，减少窝工浪费；实行合理的奖惩制度和激励办法，提高员工的劳动积极性和工作效率；加强劳动纪律，加强技术教育和培训工作；压缩非生产用工和辅助用工，严格控制非生产人员比例。

② 控制材料费。材料费用占工程成本的比例很大，因此，降低成本的潜力最大。降低材料费用的主要措施是制订好材料采购的计划，包括品种、数量和采购时间，减少仓储量，避免出现完料不尽，垃圾堆里有黄金的现象，节约采购费用；改进材料的采购、运输、收发、保管等方面的工作，减少各个环节的损耗；合理堆放现场材料，避免和减少二次搬运和摊销损耗；严格材料进场验收和限额领料控制制度，减少浪费；建立结构材料消耗台账，实时监控材料的使用和消耗情况，制定并贯彻节约材料的各种相应措施，合理使用材料，建立材料回收台账，注意工地余料的回收和再利用。另外，在施工过程中，要随时注意发现新产品、新材料的出现，及时向建设单位和设计院提出采用代用材料的合理建议，在保证工程质量的同时，最大限度地做好增收节支。

③ 控制机械费用。在控制机械使用费方面，最主要的是加强机械设备的使用和管理力度，正确选配和合理利用机械设备，提高机械使用率和机械效率。要提高机械效率必须提高机械设备的完好率和利用率。机械利用率的提高靠人，完好率的提高在于保养和维护。因此，在机械设备的使用和维护方面要尽量做到人机固定，落实机械使用、保养责任制，实行操作员、驾驶员经培训持证上岗，保证机械设备被合理规范的使用，并保证机械设备的使用安全，同时应建立机械设备档案制度，定期对机械设备进行保养维护。另外，要注意机械设备的综合利用，尽量做到一机多用，提高利用率，从而加快施工进度、增加产量、降低机械设备的综合使用费。

④ 控制间接费及其他直接费。间接费是项目管理人员和企业的其他职能部门为该工程项目所发生的全部费用。这一项费用的控制主要应通过精简管理机构，合理确定管理幅度与管理层次，业务管理部门的费用通过实行节约承包来落实，同时对涉及管理部门的多个项目实行清晰分账，落实谁受益谁负担，多受益多负担，少受益少负担，不受益不负担的原则。其他直接费包括临时设施费、工地二次搬运费、生产工具用具使用费、检验试验费和场地清理费等，应本着合理计划、节约为主的原则进行严格监控。

4）合同措施

采用合同措施控制施工成本，应贯穿整个合同周期，包括从合同谈判开始到合同终结的全过程。由于现在的施工合同通常是一种格式合同，合同条款是发包人制定的，所以承包人的合同管理首先是分析承包合同中的潜在风险，通过对引起成本变动的风险因素的识别和分析，制定必要的风险对策，如风险回避、风险转移、风险分散、风险控制和风险自留等。其次,在合同履行期间,承包人要重视工程签证和进度款的结算工作。最后,要密切关注对方合同履行的情况,以及不同合同之间的履约衔接,寻求索赔机会;同时也要密切关注自己履行合同的情况,以防止被对方索赔。

(三) 施工资源与现场管理

1. 施工资源管理的任务和内容

施工项目资源,也称施工项目生产要素,是指投入施工项目的劳动力、材料、机械设备、技术和资金等要素。施工项目生产要素是施工项目管理的基本要素,施工项目管理实际上就是根据施工项目的目标、特点和施工条件,通过对生产要素的有效和有序地组织和管理项目,并实现最终目标。施工项目的计划和控制的各项工作最终都要落实到生产要素管理上。生产要素的管理对施工项目的质量、成本、进度和安全都有重要影响。

（1）施工项目资源管理的内容

1) 劳动力。当前,我国在建筑业企业中设置专业作业企业序列,施工综合企业、施工总承包企业和专业承包企业的作业人员按合同由专业作业企业提供。劳动力管理主要依靠专业作业企业,项目经理部协助管理。施工项目中的劳动力,关键在使用,使用的关键在提高效率,提高效率的关键是如何调动作业人员的积极性,调动积极性的最好办法是加强思想政治工作和利用行为科学,从劳动力个人的需要与行为的关系的观点出发,进行恰当的激励。

2) 材料。建筑材料按在生产中的作用可分为主要材料、辅助材料和其他材料。其中主要材料指在施工中被直接加工,构成工程实体的各种材料,如钢材、水泥、木材、砂、石等。辅助材料指在施工中有助于产品的形成,但不构成实体的材料,如促凝剂、隔离剂、润滑物等。其他材料指不构成工程实体,但又是施工中必需的材料,如燃料、油料、砂纸、棉纱等。另外,还有周转材料（如脚手架材、模板材等）、工具、预制构配件、机械零配件等。建筑材料还可以按其自然属性分类,包括金属材料、硅酸盐材料、电器材料、化工材料等。施工项目材料管理的重点在现场、在使用、在节约和核算。

3) 机械设备。施工项目的机械设备,主要是指作为大型工具使用的大、中、小型机械,既是固定资产,又是劳动手段。施工项目机械设备管理的环节包括选择、使用、保养、维修、改造、更新。其关键在使用,使用的关键是提高机械效率,提高机械效率必须提高利用率和完好率。利用率的提高靠人,完好率的提高在于保养与维修。

4) 技术。施工项目技术管理,是对各项技术工作要素和技术活动过程的管理。技术工作要素包括技术人才、技术装备、技术规程、技术资料等。技术活动过程指技术计划、技术运用、技术评价等。技术作用的发挥,除决定于技术本身的水平外,极大程度上还依赖于技术管理水平。没有完善的技术管理,先进的技术是难以发挥作用的。施工项目技术管理的任务有四项:①正确贯彻国家和行政主管部门的技术政策,贯彻上级对技术工作的指示与决定;②研究、认识和利用技术规律,科学地组织各项技术工作,充分发挥技术的作用;③确立正常的生产技术秩序,进行文明施工,以技术保证工程质量;④努力提高技术工作的经济效果,使技术与经济有机地结合。

5）资金。施工项目的资金，是一种特殊的资源，是获取其他资源的基础，是所有项目活动的基础。资金管理主要有以下环节：编制资金计划，筹集资金，投入资金（施工项目经理部收入），资金使用（支出），资金核算与分析。施工项目资金管理的重点是收入与支出问题，收支之差涉及核算、筹资、贷款、利息、利润、税收等问题。

（2）施工资源管理的任务

1）确定资源类型及数量。具体包括：①确定项目施工所需的各层次管理人员和各工种工人的数量；②确定项目施工所需的各种物资资源的品种、类型、规格和相应的数量；③确定项目施工所需的各种施工设施的定量需求；④确定项目施工所需的各种来源资金的数量。

2）确定资源的分配计划。包括编制人员需求分配计划、编制物资需求分配计划、编制施工设备和设施需求分配计划、编制资金需求分配计划。在各项计划中，明确各种施工资源的需求在时间上的分配，以及在相应的子项目或工程部位上的分配。

3）编制资源进度计划。资源进度计划是资源按时间的供应计划，应视项目对施工资源的需用情况和施工资源的供应条件而确定编制哪种资源进度计划。编制资源进度计划能合理地考虑施工资源的运用，这将有利于提高施工质量，降低施工成本和加快施工进度。

4）施工资源进度计划的执行和动态调整。施工项目施工资源管理不能仅停留于确定和编制上述计划，在施工开始前和在施工过程中应落实和执行所编的有关资源管理的计划，并视需要对其进行动态的调整。

2. 施工现场管理的任务和内容

施工现场是指从事工程施工活动经批准占用的施工场地。它既包括红线以内占用的建筑用地和施工用地，又包括红线以外现场附近经批准占用的临时施工用地。施工现场管理就是运用科学的思想、组织、方法和手段，对施工现场的人、设备、材料、工艺、资金等生产要素，进行有计划的组织、控制、协调、激励，来保证预定目标的实现。

（1）施工现场管理的任务

建筑施工现场管理的任务，具体可以归纳为以下几点：

1）全面完成生产计划规定的任务，含产量、产值、质量、工期、资金、成本、利润和安全等。

2）按施工规律组织生产，优化生产要素的配置，实现高效率和高效益。

3）搞好劳动组织和班组建设，不断提高施工现场人员的思想和技术素质。

4）加强定额管理，降低物料和能源的消耗，减少生产储备和资金占用，不断降低生产成本。

5）优化专业管理，建立完善管理体系，有效地控制施工现场的投入和产出。

6）加强施工现场的标准化管理，使人流、物流高效有序。

7）治理施工现场环境，改变"脏、乱、差"的状况，注意保护施工环境，做到施工不扰民。

（2）施工项目现场管理的内容

1）规划及报批施工用地。根据施工项目及建筑用地的特点科学规划，充分、合理使用施工现场场内占地；当场内空间不足时，应同发包人按规定向城市规划部门、公安交通部门申请，经批准后，方可使用场外施工临时用地。

2）设计施工现场平面图。根据建筑总平面图、单位工程施工图、拟定的施工方案、现场地理位置和环境及政府部门的管理标准，充分考虑现场布置的科学性、合理性、可行性，设计施工总平面图、单位工程施工平面图；单位工程施工平面图应根据施工内容和分包单位的变化，设计出阶段性施工平面图，并在阶段性进度目标开始实施前，通过施工协调会议确认后实施。

3）建立施工现场管理组织。一是项目经理全面负责施工过程中的现场管理，并建立施工项目经理部体系。二是项目经理部应由主管生产的副经理、项目技术负责人、生产、技术、质量、安全、保卫、消防、材料、环保、卫生等管理人员组成。三是建立施工项目现场管理规章制度、管理标准、实施措施、监督办法和奖惩制度。四是根据工程规模、技术复杂程度和施工现场的具体情况，遵循"谁生产、谁负责"的原则，建立按专业、岗位、区片划分的施工现场管理责任制，并组织实施。五是建立现场管理例会和协调制度，通过调度工作实施的动态管理，做到经常化、制度化。

4）建立文明施工现场。一是按照国务院及地方建设行政主管部门颁布的施工现场管理法规和规章，认真管理施工现场。二是按审核批准的施工总平面图布置管理施工现场，规范场容。三是项目经理部应对施工现场场容、文明形象管理作出总体策划和部署，分包人应在项目经理部指导和协调下，按照分区划块原则做好分包人施工用地场容、文明形象管理的规划。四是经常检查施工项目现场管理的落实情况，听取社会公众、近邻单位的意见，发现问题及时处理，不留隐患，避免再度发生，并实施奖惩。五是接受政府住房和城乡建设行政主管部门的考评和企业对建设工程施工现场管理的定期抽查、日常检查、考评和指导。六是加强施工现场文明建设，展示和宣传企业文化，塑造企业及项目经理部的良好形象。

5）及时清场转移。施工结束后，应及时组织清场，向新工地转移。同时，组织剩余物资退场，拆除临时设施，清除建筑垃圾，按市容管理要求恢复临时占用土地。

下篇 基础知识

六、劳动保护的相关规定

（一）劳动保护内容的相关规定

1. 工作时间、休息时间、休假制度的规定

（1）工作时间的规定

工作时间是指在法律规定的劳动者在一昼夜或一周内从事生产或工作的时间，即劳动者每天应工作的时间或每周应工作的天数。劳动者每天应工作的时数叫工作日，每周应工作的天数叫工作周。工作时间为法律范畴，既包括劳动者实际工作时间，也包括劳动者某些非实际工作时间。依照法律规定，凡是劳动者在工作的时间内的，用人单位必须按规定支付劳动者的劳动报酬。

1）标准工作日

标准工作日是指由国家法律统一规定的，在一般情况下，劳动者从事工作或劳动的时间。《国务院关于修改〈国务院关于职工工作时间的规定〉的决定》第 3 条规定："职工每日工作 8 小时，每周工作 40 小时。"标准工作日是计算其他工作日种类的依据。

2）缩短工作日

缩短工作日是指法律规定的少于标准工作日时数的工作日，即劳动者每天工作的时数少于 8 小时或者每周工作的时数少于 40 小时。目前我国已实行缩短工作日的劳动者主要有以下几类：

从事矿山、高山、有毒有害、特别繁重和过度紧张体力劳动的劳动者。根据国家有关劳动法规的规定：①化工行业从事有毒有害作业的工人，根据生产的特点和条件分别实行"三工一休"制、每日工作 6 小时或 7 小时工作制或"定期轮流脱离接触"的工时制度；②煤矿井下作业实行四班 6 小时工作制；③纺织企业实行"四班三运转"制度；④建筑、冶炼、森林采伐等从事繁重体力劳动的行业，根据本行业的特点实行不同程度的特殊条件下的缩短工作时间制。

从事夜班工作的劳动者。夜班工作的时间是指从本日的 22 时到次日的 6 时从事工作或劳动时间。实行三班制的企业，从事夜班工作的劳动者，其日工作时间比标准工作日缩短 1 小时，发给夜班补贴。

在哺乳期工作的女职工。根据规定，哺乳不满 1 周岁婴儿的女职工，在每个工作日内有两次哺乳时间，每次 30 分钟。多胞胎生育的，每多哺乳一个婴儿，每次哺乳时间增加 30 分钟。女职工的哺乳时间和在本单位内往返途中的时间，算作劳动时间。

3）不定时工作日

不定时工作日又称为无定时工作日，是指没有固定工作时间限制的工作日。主要适用于一些因工作性质或工作条件不受标准工作时间限制的工作。关于《国务院关于职工工作时间的规定》的实施办法规定：因工作性质或生产特点的限制，不能实行每日工作 8 小时、每周工作 40 小时标准工时制度的，可以实行不定时工作制或综合计算工时工作制等其他工作和休息办法，并按照劳动部《关于企业实行不定时工作制和综合计算工时工作制的审批办法》执行。根据劳动部《关于企业实行不定时工作制和综合计算工时工作制的审批办法》规定，企业对符合下列条件之一的职工可以实行不定时工作制：①企业中的高级管理人员、外勤人员、推销人员、部分值班人员和其他因工作无法按标准工作时间衡量的职工；②企业中的长途运输人员、出租汽车司机和铁路、港口、仓库的部分装卸人员以及因工作性质特殊，需机动作业的职工；③其他因生产特点、工作特殊需要或职责范围的关系，适合实行不定时工作制的职工。

企业实行不定时工作制的，应履行审批手续。根据审批办法的规定，中央直属企业实行不定时工作制和综合计算工时工作制等其他工作和休息办法的，经国务院行业主管部门审核，报国务院劳动行政部门批准。地方企业实行不定时工作制和综合计算工时工作制等其他工作和休息办法的审批办法，由各省、自治区、直辖市人民政府劳动行政部门制定，报国务院劳动行政部门备案。对于实行不定时工作制和综合计算工时工作制等其他工作和休息办法的职工，企业应根据《劳动法》第一章、第四章有关规定，在保障职工身体健康并充分听取职工意见的基础上，采用集中工作、集中休息、轮休调休、弹性工作时间等适当方式，确保职工的休息休假权利和生产、工作任务的完成。

4）综合计算工作日

综合计算工作日，是指用人单位根据生产和工作的特点，分别采取以周、月、季、年等为周期综合计算劳动者工作时间的一种工时形式。企业实行综合计算工作日后，其平均日工作时间和平均周工作时间应与法定标准工作时间基本相同。

根据审批办法的规定，综合计算工作时间制适用于符合以下条件之一的企业职工：①交通、铁路、邮电、水运、航空、渔业等行业中因工作性质特殊，需连续作业的职工；②地质及资源勘探、建筑、制盐、制糖、旅游等受季节和自然条件限制的行业的部分职工；③其他适合实行综合计算工时工作制的职工。

5）计件工作时间

计件工作时间是指以劳动者完成一定劳动定额为标准的工作时间。《劳动法》第 37 条规定：对实行计件工作的劳动者，用人单位应当根据本法第 36 条规定的工时制度合理确定其劳动定额和计件报酬标准。

6）关于延长工作时间的规定

A. 延长工作时间的一般规定

一般情况下，用人单位由于生产经营的需要，可以延长工作时间。《劳动法》第 41 条规定：用人单位由于生产经营需要，经与工会和劳动者协商后可以延长工作时间，一般每日不得超过 1 小时；因特殊原因需要延长工作时间的，在保障劳动者身体健康的条件下延长工作时间每日不得超过 3 小时，但是每月不得超过 36 小时。

B. 延长工作时间的特殊规定

除了一般情况下延长工作时间的规定外，《劳动法》还规定了在特殊情况下，如果出现了危及国家财产、集体财产和人民生命安全的紧急事件时，延长工作时间不受《劳动法》第41条的限制。根据《劳动法》第42条的规定，有下列情形之一的，延长工作时间不受本法第41条的限制：①发生自然灾害、事故或者因其他原因，威胁劳动者生命健康和财产安全，需要紧急处理的；②生产设备、交通运输线路、公共设施发生故障，影响生产和公众利益，必须及时抢修的；③法律、行政法规规定的其他情形。

C. 延长工作时间工资支付

《劳动法》规定用人单位安排劳动者延长工作时间的，应当支付高于劳动者正常工作时间的工资报酬。这样规定，一方面能够补偿劳动者额外的劳动和消耗，保护劳动者的身体健康；另一方面能够较为有效抑制用人单位随意延长工作时间，从而保护劳动者的合法权益。

根据《劳动法》第44条规定：有下列情形之一的，用人单位应当按照下列标准支付高于劳动者正常工作时间工资的工资报酬：①安排劳动者延长工作时间的，支付不低于工资的百分之一百五十的工资报酬；②休息日安排劳动者工作又不能安排补休的，支付不低于工资的百分之二百的工资报酬；③法定休假日安排劳动者工作的，支付不低于工资的百分之三百的工资报酬。

（2）休息时间、休假的规定

休息休假是指劳动者在国家规定的法定工作时间外自行支配的时间，包括劳动者每天休息的时数、每周休息的天数、节假日、年休假、探亲假等。

1）工作日内的间歇时间

间隙时间的长短可由各单位根据具体情况确定，一般休息1～2小时，最少不能少于2小时。

2）两个工作日间的休息制度

我国实行8小时工作制，职工从一个工作日结束至下一个工作日开始前的休息时间一般为15～16个小时。实行轮班制的职工，其班次必须平均调换，一般可在休息日后调换，调换班次时，不得让工人连续工作两班。

3）公休假日

《劳动法》规定用人单位应当保证劳动者每周至少休息1日。目前我国实行5天工作制，劳动者的公休假日为每周2天，一般安排周六和周日。

4）法定假日

我国《劳动法》第40条规定：用人单位在下列节日期间应当依法安排劳动者休假：①元旦；②春节；③国际劳动节；④国庆节；⑤法律、法规规定的其他休假节日。相关劳动保护法律法规规定对法定休假日工作的工资支付应不低于平时工资的300%。

根据2007年12月14日国务院修订的《全国年节及纪念日放假办法》。目前我国法定节日主要有以下几种：

属于全体公民放假的节日：元旦，放假1天（1月1日）；春节，放假3天（农历除夕、正月初一、初二）；清明节，放假1天（农历清明当日）；劳动节，放假1天（5月1日）；端午节，放假1天（农历端午当日）；中秋节，放假1天（农历中秋当日）；国庆节，放假3天（10月1日、2日、3日）。

属于部分公民放假的节日及纪念日：妇女节（3月8日），妇女放假半天；青年节（5月4日），14周岁以上的青年放假半天（15～34岁的人为青年）；儿童节（6月1日），不满14周岁的少年儿童放假1天；中国人民解放军建军纪念日（8月1日），现役军人放假半天。

同时，少数民族习惯的节日，由各少数民族聚居地区的地方人民政府，按照各民族习惯，规定放假日期。根据规定，全体公民放假的假日，如果适逢星期六、星期日，应当在工作日补假。部分公民放假的假日，如果适逢星期六、星期日，则不补假。

5）年休假

年休假是指法律规定的职工连续工作1年以上的，每年享有的保留工作带薪连续休假的权利。

《职工带薪年休假条例》规定：机关、团体、企业、事业单位、民办非企业单位、有雇工的个体工商户等单位的职工连续工作1年以上的，享受带薪年休假（以下简称年休假）。单位应当保证职工享受年休假。职工在年休假期间享受与正常工作期间相同的工资收入。职工累计工作已满1年不满10年的，年休假5天；已满10年不满20年的，年休假10天；已满20年的，年休假15天。国家法定休假日、休息日不计入年休假的假期。单位根据生产、工作的具体情况，并考虑职工本人意愿，统筹安排职工年休假。

年休假在1个年度内可以集中安排，也可以分段安排，一般不跨年度安排。单位因生产、工作特点确有必要跨年度安排职工年休假的，可以跨1个年度安排。

单位确因工作需要不能安排职工休年休假的，经职工本人同意，可以不安排职工休年休假。对职工应休未休的年休假天数，单位应当按照该职工日工资收入的300％支付年休假工资报酬。

6）探亲假

探亲假是指与父母或配偶分居两地的职工，每年享受有的与父母或配偶团聚的假期。

根据1981年国务院重新修订的《国务院关于职工探亲待遇的规定》，凡在国家机关、人民团体和全民所有制企业，事业单位工作满一年的固定职工，与配偶不住在一起，又不能在公休假日团聚的，可以享受本规定探望配偶的待遇；与父亲、母亲都不住在一起，又不能在公休假日团聚的，可以享受本规定探望父母的待遇。但是，职工与父亲或与母亲一方能够在公休假日团聚的，不能享受本规定探望父母的待遇。

职工探亲假期：①职工探望配偶的，每年给予一方探亲假一次，假期为30天；②未婚职工探望父母，原则上每年给假一次，假期为20天，如果因为工作需要，本单位当年不能给予假期，或者职工自愿两年探亲一次的，可以两年给假一次，假期为45天；③已婚职工探望父母的，每4年给假一次，假期为20天。探亲假期是指职工与配偶、父、母团聚的时间，另外，根据实际需要给予路程假。上述假期均包括公休假日和法定节日在内。

2. 劳动安全与卫生

（1）劳动安全管理制度

劳动安全管理制度，是法律所规定或确认的国家和用人单位为保护劳动者在劳动过程中的安全而采取的各项管理制度的统称。

安全生产责任制度，指各级企业负责人、职能科室人员、工程技术人员和生产工人在劳动过程中，对各自职务或业务范围内的安全生产负责的制度。它是企业经济责任制的重要组成部分，也是企业劳动保护管理制度的核心。《安全生产法》第 4 条规定：生产经营单位必须遵守本法和其他有关安全生产的法律、法规，加强安全生产管理，建立、健全安全生产责任制度，完善安全生产条件，确保安全生产。

安全生产审批、验收制度，指负有安全生产监督管理职责的部门对涉及安全生产的事项依照法律、法规和法定劳动安全标准，以批准、许可、注册、认证、颁发证照等方式进行审查或者验收制度。《安全生产法》第 63 条和第 64 条规定了下述要点：①负有安全生产监督管理职责的部门依照有关法律、法规的规定，对涉及安全生产的事项需要审查批准（包括批准、核准、许可、注册、认证、颁发证照等，下同）或验收的，必须严格依照有关法律、法规和国家标准或者行业标准规定的安全生产条件和程序进行审查；不符合有关法律、法规和国家标准或者行业标准规定的安全生产条件的，不得批准或者验收通过；②对未依法取得批准或者验收合格的单位擅自从事有关活动的，负责行政审批的部门发现或者接到举报后应当立即予以取缔，并依法予以处理；③对已经依法取得批准的单位，负责行政审批的部门发现其不再具备安全生产条件的，应当撤销原批准；④负有安全生产监督管理职责的部门对涉及安全生产的事项进行审查、验收，不得收取费用，不得要求接受审查、验收的单位购买其指定品牌或者指定生产、销售单位的安全设备、器材或者其他产品。

安全生产检查制度，是指通过对企业遵守有关安全生产的法律、法规和国家标准或者行业标准的情况进行监督检查，总结安全生产经验，揭露和消除事故隐患，并用正反两方面的事例推动劳动保护工作的制度。安全检查必须贯彻领导、专门机构和群众相结合，自查和互查相结合，检查和整改相结合的原则。

安全生产举报、报告制度，是指各种单位或个人对生产经营单位存在的有关安全生产的问题向有关部门举报或报告，以加强安全生产监督管理制度。《安全生产法》第 73～76 条规定了下述要点：①负有安全生产监督管理职责的部门应当建立举报制度，公开举报电话。信箱或者电子邮件地址等网络举报平台，受理有关安全生产的举报；受理的举报事项经调查核实后，应当形成书面材料；需要落实整改措施的，报经有关负责人签字并监督落实对不属于本部门职责，需要由其他有关部门进行调查处理的，转交其他有关部门处理；②任何单位或者个人对事故隐患或者安全生产违法行为，均有权向负有安全生产监督管理职责的部门报告或者举报；③居民委员会、村民委员会发现其所在区域内的生产经营单位存在事故隐患或者安全生产违法行为时，应当向当地人民政府或者有关部门报告；④县级以上各级人民政府及其有关部门对报告重大事故隐患或者举报安全生产违法行为的有功人员，给予奖励。具体奖励办法由国务院应急管理部门会同国务院财政部门制定。

生产安全事故应急救援制度，是指发生安全生产事故时，政府、有关部门、有关单位和个人采取应急救援措施的制度。《安全生产法》第 80～85 条规定了下述要点：①县级以上地方各级人民政府应当组织有关部门制定本行政区域内特大生产安全事故应急救援预案，建立应急救援体系乡镇人民政府和街道办事处，以及开发区、工业园区、港区、风景区等应当制定相应的生产安全事故应急救援预案，协助人民政府有关部门或者按照授权依法履行生产安全事故应急救援工作职责；②危险物品的生产、经营、储存单位以及矿山金属冶炼、城市轨道交通运营、建筑施工单位应当建立应急救援组织；生产经营规模较小的，可以不建立应急救援组织，但应当指定兼职的应急救援人员。危险物品的生产、经营、运输单位以及矿山金属冶炼、城市轨道交通运营、建筑施工单位应当配备必要的应急救援器材、设备和物资，并进行经常性维护、保养，保证正常运转；③生产经营单位发生生产安全事故后，事故现场有关人员应当立即报告本单位负责人。单位负责人接到事故报告后，应当迅速采取有效措施，组织抢救，防止事故扩大，减少人员伤亡和财产损失，并按照国家有关规定立即如实报告当地负有安全生产监督管理职责的部门，不得隐瞒不报、谎报或者迟报，不得故意破坏事故现场、毁灭有关证据；④负有安全生产监督管理职责的部门接到事故报告后，应当立即按照国家有关规定上报事故情况。负有安全生产监督管理职责的部门和有关地方人民政府对事故情况不得隐瞒不报、谎报或者迟报；⑤有关地方人民政府和负有安全生产监督管理职责的部门的负责人接到生产安全事故报告后，应当按照生产安全事故应急救援预案的要求立即赶到事故现场，组织事故抢救；⑥任何单位和个人都应当支持、配合事故抢救，并提供一切便利条件。

生产安全事故调查处理制度，是指在生产安全事故发生后，有关部门和单位依照法定的权限和程序，调查事故的后果和原因并对责任单位和个人依法进行处理的制度。《安全生产法》第86~89条规定了下列要点：①事故调查处理应当按照科学严谨、依法依规、实事求是、注重实效的原则，及时、准确地查清事故原因，查明事故性质和责任，评估应急处置工作，总结事故教训，提出整改措施，并对事故责任提出处理建议。事故调查报告应当依法及时向社会公布，事故调查和处理的具体方法由国务院制定；②生产经营单位发生生产安全事故，经调查确定为责任事故的，除了应当查明事故单位的责任并依法予以追究外，还应当查明对安全生产的有关事项负有审查批准和监督职责的行政部门的责任，对有失职、渎职行为的，依照第90条的规定追究法律责任；③任何单位和个人不得阻挠和干涉对事故的依法调查处理；④县级以上地方各级人民政府应急管理部门应当定期统计分析本行政区域内发生生产安全事故的情况，并定期向社会公布。

（2）劳动卫生规程

劳动卫生规程是指国家为了保护职工在生产和工作过程中的健康，防止、消除职业病和各种职业危害而制定的各种法律规范，如《尘肺病防治条例》。其主要内容：

1）防止粉尘危害

凡是有粉尘作业的用人单位，要努力实现生产设备的机械化、密闭化和自动化。设置吸尘、滤尘和通风设备，矿山采用湿式凿岩和机械通风等。

2）防止有毒物质危害

凡散发有害健康的蒸汽、气体的设备应加以密闭，必要时应安装通风，净化设备；有毒物质和危险物品应分别储存在专设场所，并严格管理等。

3）防噪声和强光危害

对产生强烈噪声的生产，应尽可能在现有消声设备的工作房中进行，并实行强噪声和低噪声分开工作。在有噪声、强光灯场所操作的工人，应供给护耳器、防护眼镜等。

4）防止电磁辐射危害

凡是存在电磁辐射的工作场所，应当设置电场屏蔽或磁场屏蔽体将电磁能量限制在所规定的空间内；实行远距离控制作业和自动化作业。对作业人员采取必要的个人防护措施。

5）防暑降温、防冻取暖和防潮湿

工作场所应当保持一定温度和湿度，不宜过热、过冷、过湿。室内工作地点温度经常高于35℃的，应当采取降温措施；低于5℃，应当设置取暖设备；对高潮湿场所，应当采取防潮措施。

6）通风和照明

工作场所的光线应该充足，采光部分不要遮蔽。工作地点的局部照明的照度应该符合操作要求，也不要光线刺目。通道应该有足够的照明。生产过程中温度和风速要求不严格的工作场所应保证自然通风，有瓦斯和其他有毒害气体聚集的工作场所，必须采用机械通风。

7）卫生保健

为增强从事有害健康作业的职工抵抗职业性中毒的能力，应满足特殊营养需要，免费发放保健食品。对高温作业的职工，应免费供给高温饮料，以补充水分和盐分。另外，工厂应该根据需要，设置浴室、厕所、更衣室、休息室、妇女卫生室等生产辅助设施。以上用人单位须经常保持完好和清洁。

3. 女职工、未成年工的劳动保护

（1）女职工的劳动保护

由于女职工特殊的生理条件，《劳动法》对女职工的劳动保护内容具体规定了女职工禁忌劳动的范围、女职工经期、孕期、产期、哺乳期的保护。

1）合理安排女职工的工种和工作

女生身体结构和生理机能的特点，决定了其并不能完全同男子一样可以胜任任何工作。为了保护女职工的身体健康，《劳动法》第59条规定：禁止安排女职工从事矿山井下、国家规定的第四级体力劳动强度的劳动和其他禁忌从事的劳动。1990年劳动部发布了《女职工禁忌劳动范围的规定》第3条规定：①矿山井下作业；②森林业伐木、归楞及流放作业；③《体力劳动强度分级》标准中第Ⅳ级体力劳动强度的作业；④建筑业脚手架的组装和拆除作业，以及电力、电信行业的高处架线作业；⑤连续负重（指每小时负重次数在6次以上）每次负重超过二十公斤，间断负重每次负重超过二十五公斤的作业。

2）对女职工实行"四期"保护

A. 经期保护。《劳动法》第60条规定：不得安排女职工在经期从事高处、低温、冷水作业和国家规定的第三级体力劳动强度的劳动。《女职工禁忌劳动范围的规定》规定，女职工在月经期间禁忌从事的劳动范围：食品冷冻库内及冷水等低温作业；《体力劳动强度分级》标准中第Ⅲ级体力劳动强度的作业；《高处作业分级》标准中第Ⅱ级（含Ⅱ级）以上的作业。

B. 孕期保护。《劳动法》第61条规定：不得安排女职工在怀孕期间从事国家规定的第三级体力劳动强度的劳动和孕期禁忌从事的劳动。对怀孕七个月以上的女职工，不得安排其延长工作时间和夜班劳动。《女职工禁忌劳动范围的规定》中规定：怀孕女职工禁忌从事的劳动范围：①作业场所空气中铅及其化合物、汞及其化合物、苯、镉铍、砷、氰化物、氮氧化物、一氧化碳、二硫化碳、氯、己内酰胺、氯丁二烯、氯乙烯、环氧乙烷、苯胺、甲醛等有毒物质浓度超过国家卫生标准的作业；②制药行业中从事抗癌药物及己烯雌酚生产的作业；③作业场所放射性物质超过《放射防护规定》中规定剂量的作业；④人力进行的土方和石方作业；⑤《体力劳动强度分级》标准中第Ⅲ级体力劳动强度的作业；⑥伴有全身强烈振动的作业，如风钻、捣固机、锻造等作业，以及拖拉机驾驶等；⑦工作中需要频繁弯腰、攀高、下蹲的作业，如焊接作业；⑧《高处作业分级》标准所规定的高处作业。

C. 产期保护。《劳动法》第62条规定：女职工生育享受不少于九十天的产假。《女职工劳动保护规定》中规定：女职工生育享受98天产假，其中产前可以休假十五天。难产的，应增加产假十五天。生育多胞胎的，每多生育一个婴儿，可增加产假十五天。女职工怀孕未满4个月流产的，享受15天产假，怀孕满4个月流产的，享受42天产假。

D. 哺乳期保护。是指女职工能够哺乳未满一周岁婴儿期间的特殊保护。不得安排女职工在哺乳未满一周岁的婴儿期间从事国家规定的第三级体力劳动强度的劳动和哺乳期禁忌从事的其他劳动，不得安排其延长工作时间和夜班劳动。对哺乳未满1周岁婴儿的女职工，用人单位不得延长劳动时间或者安排夜班劳动。用人单位应当在每天的劳动时间内为哺乳期女职工安排1小时哺乳时间；女职工生育多胞胎的，每多哺乳1个婴儿每天增加1小时哺乳时间。《女职工禁忌劳动范围的规定》规定：乳母禁忌从事的劳动范围：①作业场所空气中铅及其化合物、汞及其化合物、苯、镉铍、砷、氰化物、氮氧化物、一氧化碳、二硫化碳、氯、己内酰胺、氯丁二烯、氯乙烯、环氧乙烷、苯胺、甲醛等有毒物质浓度超过国家卫生标准的作业；②《体力劳动强度分级》标准中第Ⅲ级体力劳动强度的作业；③作业场所空气中锰、氟、溴、甲醇、有机磷化合物、有机氯化合物的浓度超过国家卫生标准的作业。

（2）未成年工的劳动保护

《劳动法》根据未成年工的特殊身体条件，对未成年工规定了特别的保护程序，具体规定了未成年工禁忌劳动的范围以及未成年工健康检查等内容。

根据我国的实际情况和《中华人民共和国义务教育法》的规定，我国将最低就业年龄定为16周岁。《劳动法》第15条规定：禁止用人单位招用未满十六周岁的未成年人，文艺、体育和特种工艺单位招用未满十六周岁的未成年人，必须依照国家有关规定，履行审批手续，并保障其接受义务教育的权利。《中华人民共和国未成年人保护法》第61条规定："任何组织或者个人不得招用未满十六周岁未成年人，国家另有规定的除外。"后增加"营业性娱乐场所、酒吧、互联网上网服务营业场所等不适宜未成年人活动的场所不得招用已满十六周岁的未成年人。应当执行国家在工种、劳动时间、劳动强度和保护措施等方面的规定，不得安排其从事过重、有毒、有害等危害未成年人身心健康的劳动或者危险作业。"

1）未成年工禁忌从事的劳动

用人单位招收未成年工，应在劳动过程中给予特殊保护，在工种、劳动时间、劳动强度和保护措施等方面严格执行国家有关规定，不得安排其从事过重、有毒、有害的劳动或危险作业。《劳动法》第64条规定：不得安排未成年工从事矿山井下、有毒有害、国家规定的第四级体力劳动强度的劳动和其他禁忌从事的劳动。

《未成年工特殊保护规定》对未成年工禁忌从事的劳动范围作了具体规定。依据该规定，用人单位不得安排未成年工从事以下范围的劳动：①《生产性粉尘作业危害程度分级》国家标准中第一级以上的接尘作业；②《有毒作业分级》GB 12331 国家标准中第一级以上的有毒作业；③《高处作业分级》GB/T 3608 国家标准中第二级以上的高处作业；④《冷水作业分级》国家标准中第二级以上的冷水作业；⑤《高温作业分级》国家标准中第三级以上的高温作业；⑥《低温作业分级》国家标准中第三级以上的低温作业；⑦《体力劳动强度分级》国家标准中第四级体力劳动强度的作业；⑧矿山井下及矿山地面采石作业；⑨森林业中的伐木，流放及守林作业；⑩工作场所接触放射性物质的作业；⑪有易燃易爆、化学性烧伤和热烧伤等危险性大的作业；⑫地质勘探和资源勘探的野外作业；⑬潜水、涵洞、涵道作业和海拔三千米以上的高原作业（不包括世居高原者）；⑭连续负重每小时在六次以上并每次超过二十公斤，间断负重每次超过二十五公斤的作业；⑮使用凿岩机、捣固机、气镐、气铲、铆钉机、电锤的作业；⑯工作中需要长时间保持低头、弯腰、上举、下蹲等强迫体位和动作频率每分钟大于五十次的流水线作业；⑰锅炉司炉。

2）对未成年工定期进行健康检查

《劳动法》第 65 条规定："用人单位应当对未成年工定期进行健康检查。"《未成年工特殊保护规定》也对此作了具体规定，用人单位对未成年工实行定期健康检查：安排工作岗位之前；工作满一年；年满十八周岁，距前一次的体检时间已超过半年。未成年工的健康检查，应按本规定所附《未成年工健康检查表》列出的项目进行。用人单位应根据未成年工的健康检查结果安排其从事适合的劳动，对不能胜任原劳动岗位的，应根据医务部门的证明，予以减轻劳动量或安排其他劳动。

3）对未成年工的使用和特殊保护实行登记制度

①用人单位招收使用未成年工，除符合一般用工要求外，还须向所在地的县级以上劳动行政部门办理登记。劳动行政部门根据《未成年工健康检查表》、《未成年工登记表》，核发《未成年工登记证》；②各级劳动行政部门须按本规定第三、四、五、七条的有关规定，审核体检情况和拟安排的劳动范围；③未成年工须持《未成年工登记证》上岗。④《未成年工登记证》由国务院劳动行政部门统一印制。

（二）劳动保护措施及费用的相关规定

1. 不同作业环境下劳动保护措施的规定

为了更好地保护劳动者的职业健康、人身权利和安全生产，《职业病防治法》《安全生产法》以及其他相关法律法规对不同的作业环境下的劳动保护措施作出了一系列规定。

（1）防治职业病环境下的劳动保护措施

根据《职业病防治法》相关条款的规定，企业、事业单位和个体经济组织等用人单位，应当采取劳动保护措施，防止劳动者因接触粉尘、放射性物质和其他有毒、有害因素而引起疾病，即职业病。

用人单位必须采用有效的职业病防护设施，并为劳动者提供个人使用的职业病防护用品。如果提供的职业病防护用品不符合防治职业病的要求，不得使用。

用人单位应当优先采用有利于防治职业病和保护劳动者健康的新技术、新工艺、新设备、新材料,逐步替代职业病危害严重的技术、工艺、设备、材料。

用人单位如果存在产生职业病的危害源,应当在醒目位置设置公告栏,公布有关职业病防治的规章制度、操作规程、职业病危害事故应急救援措施和工作场所职业病危害因素检测结果。此外,对产生严重职业病危害的作业岗位,应当在其醒目位置,设置警示标识和中文警示说明。警示说明应当载明产生职业病危害的种类、后果、预防以及应急救治措施等内容。

对可能发生急性职业损伤的有毒、有害工作场所,用人单位应当设置报警装置,配置现场急救用品、冲洗设备、应急撤离通道和必要的泄险区。对放射工作场所和放射性同位素的运输、贮存,用人单位必须配置防护设备和报警装置,保证接触放射线的工作人员佩戴个人剂量计。对职业病防护设备、应急救援设施和个人使用的职业病防护用品,用人单位应当进行经常性的维护、检修,定期检测其性能和效果,确保其处于正常状态,不得擅自拆除或者停止使用。

用人单位应当实施由专人负责的职业病危害因素日常监测,并确保监测系统处于正常运行状态。定期对工作场所进行职业病危害因素检测、评价,检测、评价结果存入用人单位职业定期向卫生档案用人单位所在地安全生产监督管理部门报告并向劳动者公布。一旦发现工作场所职业病危害因素不符合国家职业卫生标准和卫生要求,用人单位应当立即采取相应治理措施,仍然达不到国家职业卫生标准和卫生要求的,必须停止存在职业病危害因素的作业;职业病危害因素经治理后,符合国家职业卫生标准和卫生要求的,方可重新作业。

(2) 安全生产环境下的劳动保护措施

为了预防和减少生产安全事故,保障人民群众生命财产安全,我国《安全生产法》中的相关条款明确规定了生产经营单位的安全生产和劳动保护措施。

生产经营单位应当对从业人员进行安全生产教育和培训,保证从业人员具备必要的安全生产知识,熟悉有关的安全生产规章制度和安全操作规程,掌握本岗位的安全操作技能,了解事故应急处理措施,知悉自身在安全生产方面的权利和义务。未经安全生产教育和培训合格的从业人员,不得上岗作业。

生产经营单位采用新工艺、新技术、新材料或者使用新设备,必须了解、掌握其安全技术特性,采取有效的安全防护措施,并对从业人员进行专门的安全生产教育和培训。

生产经营单位新建、改建、扩建工程项目(以下统称建设项目)的安全设施,必须与主体工程同时设计、同时施工、同时投入生产和使用。

矿山、冶金、城市轨道交通建设项目和用于生产、储存危险物品的建设项目(以下统称高危建设项目),以及其他国家和省级重点建设项目,应当分别按照国家有关规定进行安全条件论证和安全评价。高危建设项目竣工投入生产或者使用前,必须依照国家有关规定对安全设施进行验收;验收合格后,方可投入生产和使用。验收部门及其验收人员对验收结果负责,负有安全生产监督管理职责的部门应当加强对建设单位验收活动和验收结果的监督核查。

生产经营单位应当在有较大危险因素的生产经营场所和有关设施、设备上,设置明显的安全警示标志。

生产经营单位必须对安全设备进行经常性维护、保养,并定期检测,保证正常运转。

维护、保养、检测应当作好记录，并由有关人员签字。安全设备的设计、制造、安装、使用、检测、维修、改造和报废，应当符合国家标准或者行业标准。

生产经营单位使用的涉及生命安全、危险性较大的特种设备，以及危险物品的容器、运输工具，必须按照国家有关规定，由专业生产单位生产，并经取得专业资质的检测、检验机构检测、检验合格，取得安全使用证或者安全标志，方可投入使用。

生产经营单位生产、经营、运输、储存、使用危险物品或者处置废弃危险物品，由有关主管部门依照有关法律、法规的规定和国家标准或者行业标准审批并实施监督管理。

生产经营单位对重大危险源应当登记建档，进行定期检测、评估、监控，并制订应急预案，告知从业人员和相关人员在紧急情况下应当采取的应急措施。生产经营单位应当按照国家有关规定将本单位重大危险源及有关安全措施、应急措施报有关地方人民政府应急管理部门和有关部门备案。

生产、经营、储存、使用危险物品的车间、商店、仓库不得与员工宿舍在同一座建筑物内，并应当与员工宿舍保持安全距离。生产经营场所和员工宿舍应当设有符合紧急疏散要求、标志明显、保持畅通的出口。禁止占用、封闭、封堵生产经营场所或者员工宿舍的出口、疏散通道。

生产经营单位进行爆破、吊装、动火、临时用电以及国务院应急管理部门会同国务院有关部门规定的其他危险作业，应当安排专门人员进行现场安全管理，确保操作规程的遵守和安全措施的落实。

生产经营单位必须为从业人员提供符合国家标准或者行业标准的劳动防护用品，并监督、教育从业人员按照使用规则佩戴、使用。

生产经营单位的从业人员有权了解其作业场所和工作岗位存在的危险因素、防范措施及事故应急措施，有权对本单位的安全生产工作提出建议。从业人员有权对本单位安全生产工作中存在的问题提出批评、检举、控告；有权拒绝违章指挥和强令冒险作业。生产经营单位不得因从业人员对本单位安全生产工作提出批评、检举、控告或者拒绝违章指挥、强令冒险作业而降低其工资、福利等待遇或者解除与其订立的劳动合同。从业人员发现直接危及人身安全的紧急情况时，有权停止作业或者在采取可能的应急措施后撤离作业场所，生产经营单位不得因从业人员在前款紧急情况下停止作业或者采取紧急撤离措施而降低其工资、福利等待遇或者解除与其订立的劳动合同。

（3）工程施工环境下的劳动保护措施

根据国务院颁布的《建设工程安全生产管理条例》的要求，在土木工程、建筑工程、线路管道和设备安装工程及装修工程的施工过程中，施工单位必须要强化劳动保护措施。

施工单位在施工组织设计中编制安全技术措施和施工现场临时用电方案，应当对达到一定规模的危险性较大的基坑支护与降水工程、土方开挖工程、模板工程、起重吊装工程、脚手架工程、拆除、爆破工程等分部分项工程编制专项施工方案，并附具安全验算结果，经施工单位技术负责人、总监理工程师签字后实施，由专职安全生产管理人员进行现场监督。

建设工程施工前，施工单位负责项目管理的技术人员应当对有关安全施工的技术要求向施工作业班组、作业人员作出详细说明，在施工现场入口处、施工起重机械、临时用电设施、脚手架、出入通道口、楼梯口、电梯井口、孔洞口、桥梁口、隧道口、基坑边沿、爆破物及有害危险气体和液体存放处等危险部位，设置明显的安全警示标志，安全警示标志须符合国家标准。

施工单位应当根据不同施工阶段和周围环境及季节、气候的变化，在施工现场采取相应的安全施工措施，施工单位应当做好现场防护，所需费用由责任方承担，或者按照合同约定执行。

施工单位应当将施工现场的办公、生活区与作业区分开设置，并保持安全距离；办公、生活区的选址应当符合安全性要求。职工的膳食、饮水、休息场所等应当符合卫生标准。施工单位不得在尚未竣工的建筑物内设置员工集体宿舍。

施工单位应当遵守有关环境保护法律、法规的规定，在施工现场采取措施，防止或者减少粉尘、废气、废水、固体废物、噪声、振动和施工照明对人和环境的危害和污染。应制定用火、用电、使用易燃易爆材料等各项消防安全管理制度和操作规程，设置消防通道、消防水源，配备消防设施和灭火器材，并在施工现场入口处设置明显标志。

施工单位应当向作业人员提供安全防护用具和安全防护服装，并书面告知危险岗位的操作规程和违章操作的危害。作业人员应当遵守安全施工的强制性标准、规章制度和操作规程，正确使用安全防护用具、机械设备等。在施工中发生危及人身安全的紧急情况时，作业人员有权立即停止作业或者在采取必要的应急措施后撤离危险区域。

2. 劳动保护费用的规定

劳动保护费用是指确因工作需要为生产作业人员配备或提供工作服、手套、安全保护用品等所发生支出。

（1）劳动保护费用的基本规定

劳动保护费支出系指确因工作需要在规定范围和标准内的劳动保护用品、安全防护用品支出，清凉饮料、解毒剂等防暑降温用品及应由劳动保护费开支的保健食品、特殊工种保健津贴待遇等费用，职业病预防检查费等。广义的劳动保护费支出还包括劳动保护宣传费用，购置不构成固定资产的安全装置、卫生设备、通风设备等，但增加固定资产的劳动保护措施费不包括在内。

根据国家有关规定，生产经营单位按照保障安全生产要求，用于隐患排查治理，配备劳动防护用品进行安全生产教育培训和应急演练等费用，在生产成本中据实列支。

（2）劳动保护费用的其他规定

根据《国家税务总局关于印发〈企业所得税税前扣除办法〉的通知》（国税发〔2000〕084号）第15、54条有关规定：纳税人实际发生的合理的劳动保护支出，可以扣除。税法没有规定具体的列支标准，只要是企业发生的合理性的劳保支出可据实列支。判断劳动保护费是否能够税前扣除的关键是：①劳动保护费是物品而不是现金；②劳动保护用品是因工作需要而配备的，而不是生活用品；③从数量上看，能满足工作需要即可，超过工作需要的量而发放的具有劳动保护性质的用品就是福利用品了，应在应付福利费中开支。

3. 劳动防护用品的规定

劳动防护用品，是指由生产经营单位为从业人员配备的，使其在劳动过程中免遭或者减轻事故伤害及职业危害的个人防护装备。劳动防护用品分为特种劳动防护用品和一般劳动防护用品。特种劳动防护用品目录由国家安全生产监督管理总局确定并公布；未列入目录的劳动防护用品为一般劳动防护用品。

（1）劳动防护用品的配备和使用

生产经营单位应当按照《个体防护装备配备规范　第 1 部分：总则》GB 39800.1—2020 和国家颁发的劳动防护用品配备标准以及有关规定，为从业人员配备劳动防护用品。生产经营单位应当安排用于配备劳动防护用品的专项经费。生产经营单位不得以货币或者其他物品替代应当按规定配备的劳动防护用品。生产经营单位为从业人员提供的劳动防护用品，必须符合国家标准或者行业标准，不得超过使用期限。生产经营单位应当督促、教育从业人员正确佩戴和使用劳动防护用品。

生产经营单位应当建立健全劳动防护用品的采购、验收、保管、发放、使用、报废等管理制度。生产经营单位不得采购和使用无安全标志的特种劳动防护用品；购买的特种劳动防护用品须经本单位的安全生产技术部门或者管理人员检查验收。从业人员在作业过程中，必须按照安全生产规章制度和劳动防护用品使用规则，正确佩戴和使用劳动防护用品；未按规定佩戴和使用劳动防护用品的，不得上岗作业。

（2）劳动防护用品的监督管理

安全生产监督管理部门、煤矿安全监察机构依法对劳动防护用品使用情况和特种劳动防护用品安全标志进行监督检查，督促生产经营单位按照国家有关规定为从业人员配备符合国家标准或者行业标准的劳动防护用品。

安全生产监督管理部门、煤矿安全监察机构对有下列行为之一的生产经营单位，应当依法查处：①不配发劳动防护用品的；②不按有关规定或者标准配发劳动防护用品的；③配发无安全标志的特种劳动防护用品的；④配发不合格的劳动防护用品的；⑤配发超过使用期限的劳动防护用品的；⑥劳动防护用品管理混乱，由此对从业人员造成事故伤害及职业危害的；⑦生产或者经营假冒伪劣劳动防护用品和无安全标志的特种劳动防护用品的；⑧其他违反劳动防护用品管理有关法律、法规、规章、标准的行为。

生产经营单位的从业人员有权依法向本单位提出配备所需劳动防护用品的要求；有权对本单位劳动防护用品管理的违法行为提出批评、检举、控告。安全生产监督管理部门、煤矿安全监察机构对从业人员提出的批评、检举、控告，经查实后应当依法处理。生产经营单位应当接受工会的监督。工会对生产经营单位劳动防护用品管理的违法行为有权要求纠正，并对纠正情况进行监督。

（三）劳动争议与法律责任

1. 劳动争议

（1）劳动争议的类型

1）按照劳动争议当事人人数多少的不同，可分为个人劳动争议和集体劳动争议。个人劳动争议是劳动者个人与用人单位发生的劳动争议；集体劳动争议是指劳动者一方当事人有 3 人以上，有共同理由的劳动争议。发生劳动争议的劳动者一方在 10 人以上，并有共同请求的，可以推举代表参加调解、仲裁或者诉讼活动。

2）按照劳动争议的内容，可分为：因确认劳动关系发生的争议；因订立、履行、变更、解除和终止劳动合同发生的争议；因除名、辞退和辞职、离职发生的争议；因工作时间、休息休假、社会保险、福利、培训以及劳动保护发生的争议；因劳动报酬、工伤医疗费、经济补偿或者赔偿金等发生的争议；法律、法规规定的其他劳动争议。上述劳动争议属于《中华人民共和国劳动争议调解仲裁法》的适用范围。

3）按照当事人国籍的不同，可分为国内劳动争议与涉外劳动争议。国内劳动争议是指我国的用人单位与具有我国国籍的劳动者之间发生的劳动争议；涉外劳动争议是指具有涉外因素的劳动争议，包括我国在国（境）外设立的机构与我国派往该机构工作的人员之间发生的劳动争议、外商投资企业的用人单位与劳动者之间发生的劳动争议。

（2）劳动争议的解决方式

《劳动法》规定：劳动者与用人单位发生劳动争议时，劳动者可以依法申请调解、仲裁、提起诉讼，也可以协商解决。

1）协商

发生劳动争议，劳动者可以与用人单位协商，也可以请工会或者第三方共同与用人单位协商，达成和解协议。和解协议无必须履行的法律效力，协商不是处理劳动争议的必经程序，当事人不愿协商或协商不成，可以向本单位劳动争议调解委员会申请调解或向劳动争议仲裁委员会申请仲裁。

2）调解

发生劳动争议，当事人不愿协商、协商不成或者达成和解协议后不履行的，可以向调解组织申请调解。当事人双方愿意调解的，可以书面或口头形式向调解委员会申请调解。不愿调解、调解不成或者达成调解协议后不履行的，可以向劳动争议仲裁委员会申请仲裁；对仲裁裁决不服的，除本法另有规定的外，可以向人民法院提起诉讼。劳动争议调解的种类包括劳动合同争议以及劳动保险纠纷。调解委员会调解劳动争议，应当自当事人申请调解之日起 15 日内结束；到期未结束的，视为调解不成，当事人可以向当地劳动争议仲裁委员会申请仲裁，经调解达成协议的，制作调解协议书。调解协议书由双方当事人签名或者盖章，经调解员签名并加盖调解组织印章后生效，对双方当事人具有约束力，当事人应当履行。达成调解协议后，一方当事人在协议约定期限内不履行调解协议的，另一方当事人可以依法申请仲裁。

劳动者可以申请支付令：因支付拖欠劳动报酬、工伤医疗费、经济补偿或者赔偿金事项达成调解协议，用人单位在协议约定期限内不履行的，劳动者可以持调解协议书依法向人民法院申请支付令。人民法院应当依法发出支付令。

调解不是劳动争议解决的必经程序，不愿调解、调解不成或者达成调解协议后不履行的，可以向劳动争议仲裁委员会申请仲裁。

3）仲裁

仲裁是劳动争议案件处理必经的法律程序：发生劳动争议，当事人不愿调解、调解不成或者达成调解协议后不履行的，可以向劳动争议仲裁委员会申请仲裁。劳动争议发生后，当事人任何一方都可直接向劳动争议仲裁委员会申请仲裁。

劳动争议申请仲裁的时效期间为 1 年。仲裁时效期间从当事人知道或者应当知道其权利被侵害之日起计算。仲裁时效的中断，因当事人一方向对方当事人主张权利，或者向有关部门请求权利救济，或者对方当事人同意履行义务而中断。从中断时起，仲裁时效期间重新计算。仲裁时效的中止，因不可抗力或者有其他正当理由，当事人不能在法律规定的仲裁时效期间申请仲裁的，仲裁时效中止。从中止时效的原因消除之日起，仲裁时效期间继续计算。劳动关系存续期间因拖欠劳动报酬发生争议的，劳动者申请仲裁不受 1 年仲裁时效期间的限制；但是，劳动关系终止的，应当自劳动关系终止之日起 1 年内提出。

提出仲裁要求的一方应当自劳动争议发生之日起 1 年内向劳动争议仲裁委员会提出书面申请。劳动争议仲裁委员会接到仲裁申请后，应当在 5 日内作出是否受理的决定。受理后，应当在受理仲裁申请的 45 日内作出仲裁裁决。案情复杂需要延期的，经劳动争议仲裁委员会主任批准，可以延期并书面通知当事人，但是延长期限不得超过 15 日。逾期未作出仲裁裁决的，当事人可以就劳动争议事项向人民法院提起诉讼。

仲裁委员会主持调解的效力：仲裁委员会可依法进行调解，经调解达成协议的，应当制作仲裁调解书。仲裁调解书具有法律效力，经双方当事人签收后，发生法律约束力，当事人须自觉履行，一方当事人不履行的，另一方当事人可向人民法院申请强制执行。《仲裁法》第五章申请撤销裁决第 58 条规定：当事人提出证据证明裁决有下列情形之一的，可以向仲裁委员会所在地的中级人民法院申请撤销裁决：

（一）没有仲裁协议的；

（二）裁决的事项不属于仲裁协议的范围或者仲裁委员会无权仲裁的；

（三）仲裁庭的组成或者仲裁的程序违反法定程序的；

（四）裁决所根据的证据是伪造的；

（五）对方当事人隐瞒了足以影响公正裁决的证据的；

（六）仲裁员在仲裁该案时有索贿、受贿，徇私舞弊，枉法裁决行为的。

人民法院经组成合议庭审查核实裁决有前款规定情形之一的，应当裁定撤销。

人民法院认定该裁决违背社会公共利益的，应当裁定撤销。

除一裁终局的仲裁裁决以外的其他劳动争议案件的仲裁裁决，当事人不服的，可以自收到仲裁裁决书之日起 15 日内向人民法院提起诉讼；期满不起诉的，裁决书发生法律效力，一方当事人逾期不履行的，另一方当事人可以向人民法院申请强制执行。受理申请的人民法院应当依法执行。

4）诉讼

劳动争议案件必须要经过劳动争议仲裁。对仲裁结果不服的，可以起诉。起诉条件必须符合《民事诉讼法》的下列要求：

第 122 条　起诉必须符合下列条件：

（一）原告是与本案有直接利害关系的公民、法人和其他组织；

（二）有明确的被告；

（三）有具体的诉讼请求和事实、理由；

（四）属于人民法院受理民事诉讼的范围和受诉人民法院管辖。

当事人对可诉的仲裁裁决不服的，可自收到仲裁裁决书之日起 15 日内向人民法院提起诉讼。对经过仲裁裁决，当事人向法院起诉的劳动争议案件，人民法院应当受理。劳动争议案件由用人单位所在地或者劳动合同履行地的基层人民法院管辖。劳动合同履行地不明确的，由用人单位所在地的基层人民法院管辖。

人民法院审理劳动争议案件实行两审终审制。人民法院一审审理终结后，对一审判决不服的，当事人可在 15 日内向上一级人民法院提起上诉；对一审裁定不服的，当事人可在 10 日内向上一级人民法院提起上诉。经二审审理所作出的裁决是终审裁决，自送达之日起发生法律效力，当事人必须履行。

2. 用人单位的法律责任

（1）用人单位制定的劳动规章违反劳动法律、法规规定的法律责任

用人单位有权根据情况和需要，按照国家法律、法规的规定，制定单位内部具有普遍约束力、产生法律效力的行为规则、章程、措施和制度。但是，所有内部规章制度不得与宪法、法律、行政法规相抵触。一旦发现抵触，由有权的劳动行政部门及有关机关予以纠正。具有违法行为的用人单位应承担一定的法律责任：由劳动行政部门给予警告，并责令限期改正，逾期不改的，应给予通报批评；对劳动者造成损害的，应当承担赔偿责任。

（2）用人单位违反工作时间、休息和休假法规的法律责任

用人单位违反《劳动法》及《国务院关于职工工作时间的规定》等，由劳动行政部门给予警告，责令改正，并可以处以罚款。其罚款可按每名劳动者延长工作时间每延长 1 小时罚款 100 元以下的标准处罚；必要时，劳动行政部门对责任者可以根据上述法定不同罚则合并给予处罚。

（3）用人单位侵害有关工资报酬合法权益的法律责任

用人单位有下列侵害劳动者合法权益情形之一的，由劳动行政部门责令支付劳动者的工资报酬、经济补偿，并可以责令支付赔偿金：①克扣或者无故拖欠劳动者工资的；②拒不支付劳动者延长工作时间工资报酬的；③低于当地最低工资标准支付劳动者工资的；④解除劳动合同后，未依照本法规定给予劳动者经济补偿的。

（4）用人单位非法招用童工的法律责任

用人单位非法招用未满十六周岁的未成年人的，由劳动行政部门责令改正，处以罚款；情节严重的，由市场监督管理部门吊销营业执照。同时国务院还于 2002 年 9 月 18 日公布修订的《禁止使用童工规定》对于用人单位非法招用童工的行为进一步明确规定了应负的行政责任、民事责任、刑事责任。

（5）用人单位违反对女职工及未成年人特殊保护规定的法律责任

用人单位违反本法对女职工和未成年人的保护规定，侵害其合法权益的，由劳动行政部门责令改正，处以罚款；对女职工或者未成年人造成损害的，应当承担赔偿责任。

（6）用人单位违反劳动合同的法律责任

《劳动法》《劳动合同法》对用人单位违反劳动合同规定的法律责任，分别作了明确规定主要有行政处罚、行政处分、经济赔偿和刑事责任。

（7）用人单位违反社会保险法规的法律责任。

《劳动法》第 100 条规定：用人单位无故不缴纳社会保险费的，由劳动行政部门责令其限期缴纳；逾期不缴的，可以加收滞纳金。《违反〈中华人民共和国劳动法〉行政处罚办法》第 17 条明确规定：用人单位无故不缴纳社会保险费的，应责令其限期缴纳；逾期不缴的，除责令其补交所欠款额外，可以按每日加收所欠款额千分之二的滞纳金。滞纳金收入并入社会保险基金。

（8）用人单位无理阻挠行政监督的法律责任

《劳动法》第 101 条规定：用人单位无理阻挠劳动行政部门、有关部门及其工作人员行使监督检查权，打击报复举报人员的，由劳动行政部门或者有关部门处以罚款；构成犯罪的，对责任人员依法追究刑事责任。《违反〈中华人民共和国劳动法〉行政处罚办法》第 18 条明确规定：用人单位无理阻挠劳动行政部门及其劳动监察人员行使监督检查权，或者打击报复举报人员的，处以一万元以下罚款。

七、流动人口管理的相关规定

（一）流动人口的合法权益

1. 流动人口享有的权益

为切实做好流动人口服务和管理工作，中共中央办公厅、国务院办公厅转发的《中央社会治安综合治理委员会关于进一步加强流动人口服务和管理工作的意见》（厅字〔2007〕11 号）（以下简称《意见》）。《意见》要求各地加快建成与流动人口服务和管理工作相适应的组织网络、制度体系、工作机制和保障机制；全面提升流动人口服务和管理工作的法治化、规范化、信息化、社会化建设水平；不断健全惠及流动人口的城乡公共服务体系和流动人口维权机制，切实保障流动人口的合法权益，促使中国流动人口管理模式由控制型向服务型转变。

由于流动人口大多数长期在恶劣的条件下劳动，主要分布在建筑、服务等以体力劳动为主的行业，他们不仅缺乏最基本的社会保障，还时常遭受不法侵害，被隔离在社会安全网之外，权益得不到保障。只有真正树立以人为本的科学发展观，走现代民主法治道路，综合运用和不断创新社会治理的制度、机制和手段，确保效率和公平的相对平衡，保障作为弱势群体的劳工尤其是最弱势群体的流动人口劳工的合法权益，才能促进劳资关系的长期和谐稳定，促进社会主义和谐社会建设。为此，很多地区结合当地实际，就进一步加强流动人口服务和管理工作制定了各自的实施意见，实现对流动人口由控制管理型向服务管理型的转变；改革管理办法，实现由单纯的"以证管人"向"以房管人"和运用信息化手段管理的转变；调整工作思路，实现由政府部门管理服务向社会化服务管理的转变；改进治安管理，实现由突击性的清理整治向日常化有序管理的转变；改革管理制度，实现人口流动由不稳定到相对稳定的转变。

结合中央社会治安综合治理委员会《意见》的精神和各地区实施的相应政策内容来看，流动人口享有的权益主要体现在以下几个方面：

（1）享有就业、生活和居住的城镇公共服务的权益。

（2）享有在流入地就业的权益。

（3）享有子女平等接受义务教育权益。

（4）享有改善居住条件的权益。

（5）享有医疗保障的权益（包括传染病防治和儿童计划免疫保健服务）。

（6）享有计划生育服务的权益。

（7）享有就业服务和培训的权益。

（8）享有社会保障的权益。

（9）享有参与政治活动的权益。

2. 流动人口权益的保障

经过多年改革，我国已经初步形成了包括社会救助、社会保险、社会福利、优抚安置以及住房保障等多层次的社会保障体系框架。但现行的社会保障制度基本上是以城镇人口为基础的，流动人口的社会保障仍然处于初步探索阶段。妥善解决流动人口的社会保障问题，是社会和谐的不可或缺的因素。由于流动人口具有高的流动性，从现实和可操作性的角度出发，流动人口权益保障体系的构建不可能一步到位，为保证流动人口能享受公平的社会保障，真正解除流动人口在权益保障方面的后顾之忧，探索兼容性强的方案是当务之急。

为保证流动人口与城市户籍人口一样，享受公平的社会保障待遇，应建立内容多元化的社会保险体系，真正解除流动人口在工伤、医疗、失业、养老以及相关方面的后顾之忧。

（1）工伤保险

为了维护农民工的工伤保险权益，改善农民工的就业环境，根据《工伤保险条例》规定，从农民工的实际情况出发，劳动社会保障部发布了《关于农民工参加工伤保险有关问题的通知》（劳社部发〔2004〕18号）。该通知第2条规定，农民工参加工伤保险、依法享受工伤保险待遇是《工伤保险条例》赋予包括农民工在内的各类用人单位职工的基本权益，各类用人单位招用的农民工均有享受工伤保险待遇的权利。各地要将农民工参加工伤保险，作为工伤保险扩面的重要工作，明确任务，抓好落实。凡是与用人单位建立劳动关系的农民工，用人单位必须及时为他们办理参加工伤保险的手续。对用人单位为农民工先行办理工伤保险的，各地经办机构应予办理。重点推进建筑、矿山等工伤风险较大、职业危害较重行业的农民工参加工伤保险。这表明，国家已在立法上提出农民工强制工伤保险的要求，即规定用工单位必须以投办保险的方式或兼用投办保险和直接支付的方式承担对工伤职工的全部赔偿责任，并且承担全部保险费的缴纳义务。

用人单位注册地与生产经营地不在同一统筹地区的，原则上在注册地参加工伤保险。未在注册地参加工伤保险的，在生产经营地参加工伤保险。农民工受到事故伤害或患职业病后，在参保地进行工伤认定、劳动能力鉴定，并按参保地的规定依法享受工伤保险待遇。用人单位在注册地和生产经营地均未参加工伤保险的，农民工受到事故伤害或者患职业病后，在生产经营地进行工伤认定、劳动能力鉴定，并按生产经营地的规定依法由用人单位支付工伤保险待遇。对跨省流动的农民工，即户籍不在参加工伤保险统筹地区（生产经营地）所在省（自治区、直辖市）的农民工，1～4级伤残长期待遇的支付，可试行一次性支付和长期支付两种方式，供农民工选择。在农民工选择一次性或长期支付方式时，支付其工伤保险待遇的社会保险经办机构应向其说明情况。一次性享受工伤保险长期待遇的，需由农民本人提出，与用人单位解除或者终止劳动关系，与统筹地区社会保险经办机构签订协议，终止工伤保险关系。1～4级伤残农民工一次性享受工伤保险长期待遇的具体办法和标准由省（自治区、直辖市）劳动保障行政部门制定，报省（自治区、直辖市）人民政府批准。各级劳动保障部门要加大对农民工参加工伤保险的宣传和督促检查力度，积极为农民工提供咨询服务，促进农民工参加工伤保险。同时要认真做好工伤认定、劳动能力鉴定工作，对侵害农民工工伤保险权益的行为要严肃查处，切实保障农民工的合法权益。

（2）医疗保险

由于涉及面广、政策性强，在操作上有一定的难度。但为改变流动人口基本医疗保险严重滞后的局面，各城市应逐步将农民工纳入政府投资公共卫生和基本医疗服务的对象，在职业病防治、传染病防治、儿童计划免疫、妇幼保健等方面，农民工与户籍人口应享受同等待遇，并将所有与用工单位签订正式用工合同的农民工纳入基本医疗保险和大额医疗补助金范围，使缴费满一定年限的农民工能够享受与城镇职工同等的医疗保险待遇，从而逐步改变农民工医疗保险滞后的局面。各统筹地区要根据《国务院关于解决农民工问题的若干意见》（国发〔2006〕5号）的要求，按照"低费率、保大病、保当期、以用人单位缴费为主"原则制定和完善农民工参加医疗保险办法。《北京市外地农民工参加工伤保险暂行办法》规定，按本办法缴纳工伤保险费，应以外地农民工上年度月平均工资为缴费工资基数。外地农民工务工时间不足12个月的，按实际务工时间计算月平均工资；新招用的外地农民工以本人第一个月工资作为当年缴费工资基数。已参加本市工伤保险的用人单位，其外地农民工在本市工作期间受到事故伤害或者患职业病的，用人单位、外地农民工或者其直系亲属可以作为申请人，到参保地的区县劳动保障行政部门、劳动能力鉴定机构、社会保险经办机构，按照本市工伤保险规定申请工伤认定、劳动能力鉴定、核定工伤保险待遇。用人单位在本市和外地均未给外地农民工缴纳工伤保险费，外地农民工在本市工作期间受到事故伤害或者患职业病的，用人单位、外地农民工或者其直系亲属可以作为申请人，按照《工伤保险条例》和《北京市实施〈工伤保险条例〉办法》的规定申请工伤认定、劳动能力鉴定、核定工伤保险待遇。外地注册的用人单位，应当到本市生产经营地的区县劳动保障行政部门、劳动能力鉴定机构、社会保险经办机构，申请工伤认定、劳动能力鉴定、核定工伤保险待遇。本市注册的用人单位，应当到注册地的区县劳动保障行政部门、劳动能力鉴定机构、社会保险经办机构，申请工伤认定、劳动能力鉴定、核定工伤保险待遇。认定为工伤的外地农民工，其工伤保险待遇、劳动能力鉴定费等按照本市的标准由用人单位支付。

（3）失业保险

为了保障农民工基本的生存需要，稳定社会秩序，流动人口失业保险体系的构建必须充分考虑到农民工所具有的高度流动性。1999年颁布的《失业保险条例》规定，城镇企业事业单位招用的农民合同制工人应该参加失业保险，用工单位按规定为农民工缴纳社会保险费，农民合同制工人本人不缴纳失业保险费。城镇企业事业单位按照上年度本单位工资总额的2%缴纳失业保险费。当前，在按照此条例规定执行的基础上，还应逐步实行城乡统一的失业保险制度，使农民工失业后能同等享受城镇劳动力的失业保险待遇。单位招用的农民合同制工人连续工作满1年，本单位已缴纳失业保险费，劳动合同期满未续订或者提前解除劳动合同的，由社会保险经办机构根据其工作时间长短，对其支付一次性生活补助。补助的办法和标准由省、自治区、直辖市人民政府规定。

《北京市失业保险规定》规定，单位招用的农民合同制工人，劳动合同期满未续订或者提前解除劳动合同的，由社会保险经办机构根据单位为其连续缴费的时间，对其支付一次性生活补助，每满1年发给1个月生活补助，最长不得超过12个月。其标准按本市职工最低工资的40%计算。失业人员在领取失业保险金期间，患病（不含因打架斗殴或交通事故等行为致伤、致残的）到社会保险经办机构指定的医院就诊的，可以补助本人应领取失业保险金总额 60％～80％ 的医疗补助金。失业人员在领取失业保险金期间死亡的，参照本市在职职工社会保险有关规定发给丧葬补助金。有供养直系亲属的，发给一次性抚恤金，抚恤金标准按失业人员死亡当月领取失业保险金的数额和供养人数发给。供养一人的，给付 6 个月；供养两人的，给付 9 个月；供养三人或三人以上的，给付 12 个月。失业人员符合城镇居民最低生活保障条件的，可以按照规定享受本市城镇居民最低生活保障待遇。

（4）养老保险

以北京市为例，为进一步完善社会保险体系，保障农民工的合法权益，针对《农民合同制职工参加北京市养老、失业保险暂行办法》（京劳险发〔1999〕99 号）在执行过程中出现的一些新情况，根据国务院《社会保险费征缴暂行条例》（国务院令第 259 号），以及劳动和社会保障部有关规定精神，制定《北京市农民工养老保险暂行办法》（以下简称《暂行办法》）。

《暂行办法》规定，本市行政区域内的国有企业、城镇集体企业、外商及港、澳、台商投资企业、城镇私营企业和其他城镇企业，党政机关、事业单位、社会团体，民办非企业单位，城镇个体工商户（以下统称：用人单位）和与之形成劳动关系、具有本市或外埠农村户口的劳动者（简称：农民工），应当依法参加养老保险，缴纳养老保险费。用人单位招用外埠农民工应当经市、区（县）劳动保障行政部门批准，并办理《北京市外来人员就业证》（以下简称：《就业证》）；招用本市农民工应当到劳动力输出地区（县）劳动保障行政部门办理招聘备案手续，并填写《北京市用人单位招用本市农村劳动力花名册》。同时，用人单位应自招用农民工之月起，必须与其签订劳动合同，并为其办理参加养老保险手续。经市、区（县）劳动保障行政部门批准，已经办理了招用农民工手续，而尚未为其办理参加养老保险手续的用人单位，应自本办法下发之日起一个月内，到为本单位城镇职工缴纳养老保险费的社会保险经办机构，办理农民工参加养老保险的手续，并为农民工缴纳养老保险费。新成立及尚未参加养老保险的用人单位，到企业营业执照注册地或单位所在地的区（县）社会保险经办机构，办理社会保险登记手续，并为城镇职工、农民工申报缴纳养老保险费。

用人单位在为农民工办理参加养老保险时，应向社会保险经办机构提交下列证明和材料：①用人单位的《社会保险登记证》；②企业法人营业执照（副本），个体工商户营业执照（副本），事业单位法人证明书（副本）或机关行政介绍信；③上报统计部门的《劳动情况表》（年报 104 表）；④市、区（县）劳动行政部门批准使用农民工的证明；⑤用人单位使用外埠农民工，要提供《就业证》；⑥《北京市用人单位招用本市农村劳动力花名册》。

养老保险费由用人单位和农民工共同缴纳。用人单位以上一年本市职工月最低工资标准的 19％，按招用的农民工人数按月缴纳养老保险费。农民工本人以上一年本市职工月最低工资标准为基数，2001 年按 7％ 的比例缴纳养老保险费，其个人缴费由用人单位在发放工资时代为扣缴。个人缴费的比例，今后随着企业职工缴费比例进行统一调整，最终达到 8％。用人单位为农民工缴纳养老保险费，由社会保险经办机构以"委托银行收款（无付款期）"结算方式委托用人单位的开户银行按月扣缴。用人单位为农民工缴纳养老保险费，原则上应按城镇职工缴纳养老保险费的缴费渠道和缴费方式进行。但对使用农民工较少或使用农民工相对稳定，按月缴纳养老保险费不方便的用人单位，经社会保险经办机构同意，签订协议后，可以选择按季度、半年、一年的方式缴纳养老保险费。

社会保险经办机构为农民工按缴费工资基数的11％建立养老保险个人账户。农民工的个人账户存储额，按北京市企业职工基本养老保险个人账户计息办法执行。农民工个人账户存储额，只有在本人达到养老年龄时，才能支取。农民工在达到国家规定养老年龄前死亡，其个人账户存储额中的个人缴费部分可以继承。

农民工与用人单位终止、解除劳动关系后，在本市行政区域内重新就业的，可以接续养老保险关系，由社会保险经办机构接转其缴费记录。接续时，只接续养老保险关系，不转移养老保险基金；跨统筹区域就业的，可以转移养老保险关系，其个人账户全部随同转移；回农村的，可以保留养老保险关系，将其个人账户封存，作为其接续养老保险关系的依据，待在本市重新就业后，继续缴纳养老保险费，其缴费年限可以累计计算。并凭社会保险经办机构开具的缴纳养老保险费凭证办理转移、接续、清算、终止养老保险关系等手续。农民工必须达到国家规定的养老年龄（男年满60周岁，女年满50周岁），方能领取基本养老金。基本养老金暂按享受一次性养老待遇处理，其待遇由两部分组成。第一部分：个人账户存储额及利息一次性全额支付给本人。第二部分：按其累计缴费年限，累计缴费满12个月（第1个缴费年度），发给1个月相应缴费年度的本市职工最低工资的平均数，以后累计缴费年限每满一年（按满12个月计），以此为基数，增发0.1个月相应缴费年度的本市职工最低工资的平均数，并计算到月，保留一位小数。

本市籍农民工在与用人单位终止、解除劳动关系后，可以按《暂行办法》第11条保留养老保险关系，封存个人账户，待重新在本市就业后，继续缴纳养老保险费。原已参加本市农村养老保险的，也可将其在用人单位工作期间养老保险个人账户存储额和按规定核算的待遇转移到其农村养老保险个人账户中；没有参加本市农村养老保险的，可在其户口所在地农村养老保险管理机构参加农村养老保险，新建个人账户，同时将其在用人单位工作期间养老保险个人账户存储额和按规定核算的待遇转移到其新建个人账户中，并按本市农村养老保险的有关规定享受相应的待遇。

（二）流动人口的从业管理

1. 流动人口从事生产经营活动相关证件的办理

《城乡个体工商户管理暂行条例》《合伙企业法》《公司法》关于开办关于城乡个体工商户、合伙企业和有限责任公司的主体资格要求。

随着改革开放的不断深化，市场经济意识、竞争意识和流动意识的加强和一系列体制障碍被打破，为流动人口经商提供了现实的可能性。

外来经商者群体大多是个体经营者，具有有别于其他流动人口的社会特征、行为特征和社会管理特征。经商群体是有相对稳定的经商场所或摊位，有相对稳定的经营活动和经营收入，有相对稳定的居住地，基本能够依法纳税、照章缴费的个体商业贸易经营者。作为个体经营者，他们自筹资金，自负盈亏，其经济实力决定了他们的经营规模不可能很大，但经营品种繁多，经营区域广泛，进货渠道多样，以批发零售兼营为主。这种现实状况使得许多经商者在其营销活动中往往自觉或不自觉地带有浓厚的逐利特征，希望在最短的时间内收回投入成本。因此，追求眼前利益和现实利益的动机使得他们的营销行为缺乏规范性和长期稳定性。一些有经济实力和营销能力的流动人口也开办合伙企业和有限责任公司。

我国对流动人口经商的管理没有全国统一使用的法律法规，各地方政府根据自身情况制定过一些政策法规。随着中国经济社会发展的变化，城镇化进程的加快，国务院要求取消对流动人口务工就业中的不合理限制。2003 年十届全国人大常委会通过的《中华人民共和国行政许可法》，明确地方立法设定的行政许可，不得限制其他地区的个人或者企业到本地区从事生产经营和提供服务。如北京在 2005 年废止了 1995 年颁布了《北京市外地来京务工经商人员管理条例》。该条例适用于外地来京务工经商人员，是指无本市常住户口，暂住本市从事劳务、经营、服务等活动，以取得工资收入或者经营收入的外地人员。外地来京受聘从事科技、文教、经贸等工作的专业人员，不适用本条例。务工经商人员到北京后，必须按照户籍管理规定持本人身份证以及其他有效证明，育龄妇女需同时持婚育状况证明，到暂住地公安机关办理暂住登记。未取得《暂住证》的，任何单位和个人不得向其出租房屋或者提供生产经营场所；劳动行政机关不予核发《外来人员就业证》；工商行政管理机关不予办理营业执照。对向务工经商人员出租房屋的单位和个人实行许可证制度。单位和个人向务工经商人员出租房屋，必须取得房屋土地管理机关核发的《房屋租赁许可证》、公安机关核发的《房屋租赁安全合格证》。外地来京务工人员必须持《暂住证》和其他有关证件向本市劳动行政机关申请办理《外来人员就业证》，作为在本市务工的有效证件。单位或者个人招用外地来京务工人员，必须经过劳动行政机关指定的职业介绍机构办理手续。禁止私自招用外地来京务工人员。外地来京人员在本市从事经营活动，必须持《暂住证》和经营场地合法证明以及其他有关证明，向本市工商行政管理机关申请办理营业执照，并进行税务登记，承包、租赁、使用本市企业或者商业、服务业的门店、摊点、柜台、场地等进行经营的，应当向所在地工商行政管理机关登记备案。

该条例确定的主要管理制度，是计划经济下的政府管理模式和思维，属于制度性歧视，没有尊重公民的基本权利，与社会现实和国家政策法规不符。条例的废止取消了《外来人员就业证》《健康凭证》《房屋租赁许可证》等行政许可事项。北京市政府部门也取消了对外来人员在经商方面的行业、经营范围、经营方式等限制。相应的，外来人员务工经商的一些手续、专门设置的登记事项也不再执行。同时，针对外来人员务工经商的管理服务费也不再收取。但《暂住证》《婚育证》仍将继续保留。

2. 流动人口就业持证上岗的规定

《就业促进法》《就业服务与就业管理规定》等法律法规对劳动者依法享有平等就业和自主择业的权利的保护和管理。

（1）劳动者平等的就业、选择职业的权利

（2）就业失业登记

《中华人民共和国宪法》规定法律面前人人平等。《劳动法》第 3 条规定，劳动者有平等就业和选择职业的权利。2007年《中华人民共和国就业促进法》第三条再次强调了，劳动者依法享有平等就业和自主择业的权利。还有大量的法规规章也规定了劳动者平等的就业权，劳动者就业，不因民族、种族、性别、宗教信仰等不同而受歧视。目前，流动人口的平等就业权已经不存在法律上的障碍。

为全面落实就业政策，满足劳动者跨地区享受相关就业扶持政策的需要，从2011年1月1日起，实行全国统一样式的《就业失业登记证》。《就业失业登记证》是记载劳动者就业与失业状况、享受相关就业扶持政策、接受公共就业人才服务等情况的基本载体，是劳动者按规定享受相关就业扶持政策的重要凭证。《就业失业登记证》中的记载信息在全国范围内有效，劳动者可凭《就业失业登记证》跨地区享受国家统一规定的相关就业扶持政策。《就业失业登记证》实行全国统一编号制度。《就业失业登记证》的证书编号实行一人一号，补发或换发证书的，证书编号保持不变。公共就业人才服务机构在发放《就业失业登记证》时，应根据情况向发放对象告知相关就业扶持政策和公共就业人才服务项目的内容和申请程序。登记失业人员凭《就业失业登记证》申请享受登记失业人员相关就业扶持政策；就业援助对象凭《就业失业登记证》及其"就业援助卡"中标注的内容申请享受相关就业援助政策；符合税收优惠政策条件的个体经营人员凭《就业失业登记证》申请享受个体经营税收优惠政策；符合条件的用人单位凭所招用人员的《就业失业登记证》申请享受企业吸纳税收优惠政策。

（三）地方政府部门对流动人口管理的职责

1. 流动人口管理的责任分工

《中央社会治安综合治理委员会关于进一步加强流动人口服务和管理工作的意见》中，加强流动人口管理工作的主要任务是：进一步统一思想认识，各有关地区和部门树立全国一盘棋的观念，加强合作，齐抓共管，采取更加有力的措施，对流动人口问题进行综合治理。在工作中必须紧紧依靠基层组织和人民群众，大力加强对流动人口特别是离开农村常住户口所在地跨地区务工经商人员的户籍管理、治安管理、流动就业管理和计划生育、民政、卫生、兵役等各项管理工作，并把管理与对流动人口的疏导、服务、教育等各有关工作紧密衔接。建立科学有效的工作机制，逐步把这项工作制度化、法律化，纳入依法管理的轨道。特别是人口流出和流入多的地方，要加强对口交流，密切配合，共同解决好工作中的突出问题。要通过加强对流动人口的各项管理工作，切实掌握人口流动情况，控制流动规模，引导有序流动，充分发挥人口流动的积极作用，保护流动人口的合法权益，预防和依法打击其中极少数人的违法犯罪活动，维护社会治安和各种管理秩序，以更好地为改革开放、经济发展和社会稳定服务。

各部门在流动人口管理工作中的主要职责：

1）公安机关

负责对流动人口的户籍管理和治安管理：①办理暂住户口登记，签发和查验《暂住证》；②对流动人口中三年内有犯罪记录的和有违法犯罪嫌疑的人员进行重点控制；③对出租房屋、施工工地、路边店、集贸市场、文化娱乐场所等流动人口的落脚点和活动场所进行治安整顿和治安管理；④依法严厉打击流窜犯罪活动，建立健全社会治安防范网络；⑤协助民政部门开展收容遣送工作；⑥与有关部门一起疏导"民工潮"。

2）劳动部门

负责对流动就业人员的劳动管理与就业服务：①为流动就业人员提供就业信息和职业介绍、就业训练、社会保险等服务；②对单位招用外地人员、个人流动就业进行调控和管理；③办理《外出就业登记卡》和《外来人员就业证》；④对用人单位和职业介绍机构遵守有关法规的情况进行劳动监察，维护劳动力市场秩序；⑤依法处理用人单位与外来务工经商人员有关的劳动争议。保护双方的合法权益；⑥负责疏导"民工潮"。

3）工商行政管理部门

负责对外来人员从事个体经营活动的管理：①在核发营业执照时，核查《暂住证》《外来人员就业证》等有关证件；②对集贸市场中的务工经商人员进行管理，配合有关部门落实流动人口管理的各项措施；③对外来个体从业人员进行职业道德和遵纪守法等教育。

4）民政部门

①负责收容遣送工作；②主管流浪儿童保护教育中心的管理工作；③管理流动人口婚姻登记。

5）司法行政部门

负责对流动人口的法制宣传教育、法律服务和纠纷调解工作。

6）卫生部门

负责对流动人口的健康检查、卫生防疫工作。为流动人口提供节育技术服务。

7）建设部门

①负责对成建制施工队伍和工地的管理以及流动人口聚集地的规划管理，协助有关部门落实流动人口管理的各项措施；②负责小城镇的开发建设，促进农村剩余劳动力的就地就近转移；③负责对房屋出租的管理和市容、环境卫生监察。

8）农业部门

负责对农村剩余劳动力进行疏导。

9）铁道部门

①与有关部门一起疏导"民工潮"；②配合有关部门清理铁路沿线的盲流人员；③打击火车站及列车上的违法犯罪活动。

10）交通部门

①与有关部门一起疏导"民工潮"；②打击车站、码头、汽车、轮船上的违法犯罪活动。

11）军事机关

负责流动人口中民兵预备役人员和应征公民的管理、征集工作。

12）党、团组织

负责对流动党、团员的管理：①原所在党、团组织负责掌握外出党、团员的去向、从业、外出时间等情况，确定联系方式，在集体外出、暂住地点相对集中的党、团员中，按规定建立党、团组织；②暂住所在地党、团组织负责把外来党、团员编入相应的组织，安排参加组织生活，分配做适当工作；③原所在党、团组织和暂住所在地党、团组织要加强联系，密切配合。

2. 流动人口管理的行政处罚事项

了解《中华人民共和国户口登记条例》《中华人民共和国行政处罚法》《中华人民共和国治安管理处罚法》《租赁房屋治安管理规定》《暂住证申领办法》《公安机关办理行政案件程序规定》等相关的处罚规定。

（1）流动人口违反户籍管理规定的行为和处罚依据

依照公安部《暂住证申领办法》第14条第1项的规定，对不按规定申报暂住户口登记、申领暂住证，经公安机关通知拒不改正的，对直接责任人或者暂住人处五十元以下罚款或者警告。

（2）雇用、留宿流动人口的单位及个人违反户籍管理规定的行为和处罚依据

1）依照公安部《暂住证申领办法》第14条第3项的规定，对雇用无暂住证人员或者扣押暂住证和其他身份证件的对法定代表人或者直接责任人，处以一千元以下罚款或者警告。

2）依照《中华人民共和国治安管理处罚法》第57条的规定，房屋出租人将房屋出租给无身份证件的人居住的，或者不按规定登记承租人姓名、身份证件种类和号码的，处200元以上500元以下罚款。

3）依照公安部《租赁房屋治安管理规定》第9条第2项的规定，对将房屋出租给无合法有效证件承租人的，处以警告、月租金三倍以下的罚款。

八、信访工作的基本知识

（一）信访工作组织与责任

1. 信访工作机构、职责、机制

信访，是指公民、法人或者其他组织采用书信、电子邮件、传真、电话、走访等形式，向各级人民政府、县级以上人民政府工作部门反映情况，提出建议、意见或者投诉请求，依法由有关行政机关处理的活动。

（1）信访工作机构

县级以上人民政府应当设立信访工作机构。县级以上人民政府工作部门及乡、镇人民政府当按照有利工作、方便信访人的原则，确定负责信访工作的机构或者人员，具体负责信访工作。

（2）信访工作机构的职责

县级以上人民政府信访工作机构是本级人民政府负责信访工作的行政机构，履行以下职责：

1）受理、交办、转送信访人提出的信访事项；

2）承办上级和本级人民政府交由处理的信访事项；

3）协调处理重要信访事项；

4）督促检查信访事项的处理；

5）研究、分析信访情况，开展调查研究，及时向本级人民政府提出完善政策和改进工作的建议；

6）对本级人民政府其他工作部门和下级人民政府信访工作机构的信访工作进行指导。

（3）信访工作机制

信访工作机制主要包括信访接待受理、信访处理回复及信访工作回访等过程。

2. 信访工作人员的法律责任

（1）信访事项的引发责任及其构成要件

信访事项的引发责任是指特定行政工作人员因某些违法行为严重侵害相对人或信访人的合法权益，且未能通过行政复议、行政诉讼、行政赔偿等常规救济渠道予以纠正而导致信访事项发生，或者拒不执行支持信访请求的行政意见导致信访事项再次发生而应承担的法律责任。其构成要件是：

1）存在特定违法情形。

2）导致信访事项发生并造成严重后果。

可能构成信访事项引发责任的事项：

①超越或者滥用职权，侵害信访人合法权益的。

②行政机关应当作为而不作为，侵害信访人合法权益的。

③适用法律、法规错误或者违反法定程序，侵害信访人合法权益的。

④拒不执行有权处理的行政机关作出的支持信访请求意见的。

（2）信访事项的受理责任

信访事项的受理责任是指在信访事项受理过程中，县级以上各级人民政府信访工作机构和受理信访事项的行政机关违反《中华人民共和国信访条例》（以下简称《信访条例》）规定，不履行或者不适当履行职责而应当承担的行政责任。

对于信访工作机构和有关行政机关的受理责任，由其各自的上级行政机关予以追究，其责任形式主要是责令改正不当的行政行为。在行政组织承担行政责任之后，再对直接负责的主管人员和其他直接责任人员给予相应的行政处分，责任形式有警告、记过、记大过、降级、撤职、开除六种以及内部通报批评。

（3）信访事项的办理责任

信访事项的办理责任主要是针对有权处理信访事项的行政机关及其相关工作人员在办理信访事项过程中，推诿、敷衍、拖延信访事项办理或者未在法定期限内办结信访事项的；对事实清楚，符合法律规定的投诉请求未予支持的。

对于信访事项的受理责任，由其上级行政机关责令改正；造成严重后果的，对直接负责的主管人员和其他直接责任人员依法给予行政处分或通报批评。

（4）行政机关工作人员的相关法律责任

行政机关工作人员将信访人的检举、揭发材料或者有关情况透露、转给被检举、揭发的人员或者单位的，依法给予行政处分。

行政机关工作人员在处理信访事项过程中，作风粗暴，激化矛盾并造成严重后果的，依法给予行政处分。

行政机关及其工作人员违反《信访条例》规定，对可能造成社会影响的重大、紧急信访事项和信访信息，隐瞒、谎报、缓报，或者授意他人隐瞒、谎报、缓报，造成严重后果的，对直接负责的主管人员和其他直接责任人员依法给予行政处分；构成犯罪的，依法追究刑事责任。

行政机关工作人员打击报复信访人，构成犯罪的，依法追究刑事责任；尚不构成犯罪的，依法给予行政处分或者纪律处分。

（二）信访渠道与事项的提出与受理

1. 信访渠道与信访人的法律责任

（1）信访渠道

信访渠道，是指便利公民、法人或者其他组织反映情况，提出意见、建议或者投诉请求的信信救济途径。

1）信访渠道的相关制度保障

根据《信访条例》规定，各级人民政府、县级以上人民政府工作部门应当向社会公布信访工作机构的通信地址、电子信箱、投诉电话、信访接待的时间和地点、查询信访事项处理进展及结果的方式等相关事项。

各级人民政府、县级以上人民政府工作部门应当在其信访接待场所或者网站公布与信访工作有关的法律、法规、规章，信访事项的处理程序，以及其他为信访人提供便利的相关事项。

设区的市级、县级人民政府及其工作部门，乡、镇人民政府应当建立行政机关负责人信访接待日制度，由行政机关负责人协调处理信访事项。

2）信访接待日制度和下访制度

信访接待日制度即领导接待日制度，是指信访人可以在公布的接待日和接待地点向有关行政机关负责人当面反映信访事项。

下访制度是指县级以上人民政府及其工作部门负责人或者其指定的人员，可以就信访人反映突出的问题到信访人居住地与信访人面谈。

3）信访人如何查询投诉请求的办理情况

信访人可以持行政机关出具的投诉请求受理凭证到当地人民政府的信访工作机构或者有关工作部门的接待场所查询其所提出的投诉请求的办理情况。

（2）信访人的法律责任

信访人的法律责任是指信访人违反《信访条例》规定，扰乱信访工作秩序，诬告陷害他人而应负的法律责任。具体来说，对于信访人的违法责任，即违反《信访条例》中相关规定的，有关国家机关工作人员应当对信访人进行劝阻、批评或者教育。经劝阻、批评和教育无效的，由公安机关予以警告、训诫或者制止；违反集会游行示威的法律、行政法规，或者构成违反治安管理行为的，由公安机关依法采取必要的现场处置措施、给予治安管理处罚；构成犯罪的，依法追究刑事责任。

对于诬告陷害责任，即信访人捏造歪曲事实、诬告陷害他人的，但是不足以使司法机关介入的，公安机关应当按照治安管理处罚条例中的相关规定，对违法信访人给予行政处罚。

如果信访人意图引起司法机关刑事追究，情节严重的，则构成诬告陷害罪。根据《中华人民共和国刑法》规定，犯诬告陷害罪的，处以三年以下有期徒刑、拘役或者管制；造成严重后果的，处三年以上十年以下有期徒刑；国家机关工作人员犯本罪的，从重处罚。

2. 信访事项提出的类型与形式

（1）信访事项提出的类型

信访人可以提出信访事项的情形：

信访人对下列组织、人员的职务行为反映情况，提出建议、意见，或者不服下列组织、人员的职务行为，可以向有关行政机关提出信访事项：

① 行政机关及其工作人员；

② 法律、法规授权的具有管理公共事务职能的组织及其工作人员；

③ 提供公共服务的企业、事业单位及其工作人员；

④ 社会团体或者其他企业、事业单位中由国家行政机关任命、派出的人员；

⑤ 村民委员会、居民委员会及其成员。

对依法应当通过诉讼、仲裁、行政复议等法定途径解决的投诉请求，信访人应当依照有关法律、行政法规规定的程序向有关机关提出。

信访人对各级人民代表大会以及县级以上各级人民代表大会常务委员会、人民法院、人民检察院职权范围内的信访事项，应当分别向有关的人民代表大会及其常务委员会、人民法院、人民检察院提出，并遵守《信访条例》的相关规定。

（2）信访事项提出的形式

信访人提出信访事项，一般应当采用书信、电子邮件、传真等书面形式；信访人提出投诉请求的，还应当载明信访人的姓名（名称）、住址和请求、事实、理由。

有关机关对采用口头形式提出的投诉请求，应当记录信访人的姓名（名称）、住址和请求、事实、理由。

1）属于各级人民代表大会以及县级以上各级人民代表大会常务委员会职权范围内的信访事项

① 人民代表大会及其常务委员会颁布的法律、地方性法规，通过的决议、决定的意见和建议；

② 对人民政府、人民法院、人民检察院违法失职行为的申诉、控告或者检举；

③ 对人民代表大会代表、人民代表大会常务委员会组成人员以及人民代表大会常务委员会工作人员的建议、批评、意见和违法失职行为的申诉、控告或者检举；

④ 对人民法院、人民检察院的生效判决、裁定、调解和决定不服的申诉；

⑤ 对人民政府及其工作部门制定的规范性文件的意见和建议；

⑥ 对本级人民代表大会及其常务委员会选举、决定任命、批准任命的国家机关工作人员违法失职行为的申诉、控告或者检举；

⑦ 属于全国人民大会及其常务委员会职权范围内的其他事项。

其中，以上第⑤、⑥项也在行政机关职权范围内。

2）属于各级人民法院职权范围内的信访事项

① 对人民法院工作的建议、批评和意见；

② 对人民法院工作人员的违法失职行为的报案、申诉、控告或者检举；

③ 对人民法院生效判决、裁定、调解和决定不服的申诉；

④ 依法应当由人民法院处理的其他事项。

3）属于各级人民检察院范围内的信访事项

① 对人民检察院工作的建议、批评和意见；

② 对人民检察院工作人员的违法失职行为的申诉、控告或者检举；

③ 对人民检察院生效决定不服的申诉；

④ 对人民法院审判活动中的违法行为的控告或者检举；

⑤ 对公安机关不予立案决定不服的申诉；

⑥ 对公安机关侦查活动中的违法行为的控告或者检举；

⑦ 对国家机关工作人员职务犯罪行为的控告或者检举；

⑧ 依法应当由人民检察院处理的其他事项。

其中，上述第⑤、⑦两项，行政机关有义务行使内部监督权，对涉及的行政机关及其工作人员进行责任追究。

4）信访人采用走访形式提出信访事项应当注意的问题

根据《信访条例》第 16 条、第 18 条规定，信访人采用走访形式提出信访事项，应当向依法有权处理的本级或者上一级机关提出，并且应当到有关机关设立或者指定的接待场所提出；多人采用走访形式提出共同信访事项的，应当推选代表，代表人数不超过 5 人；信访人应当逐级提出信访事项，即应当向依法有权处理的本级或上一级机关提出。在法定受理期限内避免信访事项重复提出。

5）信访人在信访过程中被禁止的行为

信访人提出信访事项，应当客观真实，对其所提供材料内容的真实性负责，不得捏造、歪曲事实，不得诬告、陷害他人。

信访人在信访过程中应当遵守法律、法规，不得损害国家、社会、集体的利益和其他公民的合法权利，自觉维护社会公共秩序和信访秩序，不得有下列行为：

① 在国家机关办公场所周围、公共场所非法聚集，围堵、冲击国家机关，拦截公务车辆，或者堵塞、阻断交通的；

② 携带危险物品、管制器具的；

③ 侮辱、殴打、威胁国家机关工作人员，或者非法限制他人人身自由的；

④ 在信访接待场所滞留、滋事，或者将生活不能自理的人弃留在信访接待场所的；

⑤ 煽动、串联、胁迫、以财物诱使、幕后操纵他人信访或者以信访为名借机敛财的；

⑥ 扰乱公共秩序、妨害国家和公共安全的其他行为。

3. 信访事项的受理方式及相关规定

（1）信访事项的受理方式

1）信访人向各级人民政府信访工作机构提起的信访事项受理

县级以上人民政府信访工作机构收到信访事项，应当予以登记，并区分情况，在 15 日内分别按下列方式处理：

① 信访人对各级人民代表大会以及县级以上各级人民代表大会常务委员会、人民法院、人民检察院职权范围内的信访事项，应当告知信访人分别向有关的人民代表大会及其常务委员会、人民法院、人民检察院提出。对已经或者依法应当通过诉讼、仲裁、行政复议等法定途径解决的，不予受理，但应当告知信访人依照有关法律、行政法规规定程序向有关机关提出。

② 对依照法定职责属于本级人民政府或者其工作部门处理决定的信访事项，应当转送有权处理的行政机关；情况重大、紧急的，应当及时提出建议，报请本级人民政府决定。

③ 信访事项涉及下级行政机关或者其工作人员的，按照"属地管理、分级负责，谁主管、谁负责"的原则，直接转送有权处理的行政机关，并抄送下一级人民政府信访工作机构。

县级以上人民政府信访工作机构要定期向下一级人民政府信访工作机构通报转送情况，下级人民政府信访工作机构要定期向上一级人民政府信访工作机构报告转送信访事项的办理情况。

④ 对转送信访事项中的重要情况需要反馈办理结果的，可以直接交由有权处理的行政机关办理，要求其在指定办理期限内反馈结果，提交办结报告。

按照前款第①项至第④项规定，有关行政机关应当自收到转送、交办的信访事项之日起 15 日内决定是否受理并书面告知信访人，并按要求通报信访工作机构。

各级人民政府信访工作机构有权受理以下信访事项：

① 对本级、下级人民政府及其工作部门职权范围内的工作提出的建设性建议；

② 信访事项的处理需要本级人民政府协调的；

③ 要求改变或者撤销本级人民政府所属工作部门不适当的措施、指示和下级人民政府不适当的措施、决定；

④ 对本级对下级信访工作机构工作人员履行职务的行为不满的；

⑤ 其他需要由本级人民政府信访工作机构受理的事项。

2）信访人向各级人民政府信访工作机构以外的行政机关提出的信访事项受理

信访人按照《信访条例》规定直接向各级人民政府信访工作机构以外的行政机关提出的信访事项，有关行政机关应当予以登记；对符合本条例第 14 条第 1 款规定并属于本机关法定职权范围的信访事项，应当受理，不得推诿、敷衍、拖延；对不属于本机关职权范围的信访事项，应当告知信访人向有权的机关提出。

有关行政机关收到信访事项后，能够当场答复是否受理的，应当当场书面答复；不能当场答复的，应当自收到信访事项之日起 15 日内书面告知信访人。但是，信访人的姓名（名称）、住址不清的除外。

有关行政机关应当相互通报信访事项的受理情况。

3）信访事项的受理程序

信访事项的受理程序一般分为登记、初步审查、作出决定、受理四个步骤。

① 登记。即行政机关在收到信访事项后，不论其来源，也不论是否属于其受理范围，一律要求予以登记。

② 初步审查。对该信访事项的管辖权及是否重复受理等情况进行审查。

③ 作出决定。即对符合信访事项提出条件，且属于其法定职权范围的信访事项，决定予以受理；对不符合信访事项提出条件，或不属于其法定职权范围的信访事项，决定不予受理。

④ 受理。信访机构或政府工作部门在决定对信访事项予以受理后，就进入受理程序。

（2）信访事项受理的相关规定

1）涉及两个或者两个以上行政机关的信访事项

涉及两个或者两个以上行政机关的信访事项，由所涉及的行政机关协商处理，受理有争议的，由其共同的上一级行政机关决定受理机关。

2）受理信访事项的行政机关分立、合并、撤销等情形的信访事项的由继续行使其职权的行政机关受理；职责不清的，由本级人民政府或者其指定的机关受理。

（三）信访事项的办理

1. 信访事项的办理方式及时间规定

（1）信访事项的办理方式

1）信访事项办理的分类

信访事项的办理主要分为两大类：

① 对信访人反映的情况，提出的建议、意见类信访事项的办理：该类信访事项的办理一般不适用强制性程序，不一定启动信访调查等，主要是由相关行政机关在本机关自由裁量权范围内予以办理。

② 对投诉请求类信访事项的办理：《信访条例》对投诉请求类信访事项的办理有着严格的程序和责任规定，要求必须经过信访调查、提出办理意见、书面答复信访人等步骤，同时，信访人对办理意见不服的，还可以寻求复查、复核等申请救济。

2）信访调查

① 信访调查的概念

信访调查是指信访事项的办理机关在依法受理信访事项后，办理决定作出之前，为了查明信访事项所涉及的基本事实，依据职权所进行的材料收集、证据调取的活动。

信访调查一方使信访事项的办理成为一个开放的系统和公开、透明的过程，有利于督促信访办理机关负责任地查清事实，维护信访人的合法权益；另一方面因为明确了对与信访事项相关的第三人的调查权及听证等调查方式，强化了办理信访事项的手段，增强了通过信访工作解决矛盾纠纷的有效性。

② 信访调查的步骤

A. 事前通知。信访调查前，相关机关和人员需要以适当的形式通知当事人，以便其能做好信访调查的准备工作。

B. 表明身份。在进行信访调查时，相关工作人员应当表明自己的身份，并且，对于一般的信访调查，信访调查人员不得少于2人。

C. 说明理由。信访调查人员应当向调查对象说明进行该项信访调查的理由、依据，同时告知对方在信访调查过程中所享有的权利和需要履行的义务。

D. 实施调查。即调查的过程。

E. 制作笔录。调查人员应当对信访调查的全程作出相应的笔录并由调查对象核对后签字确认。

3）信访事项的办理

对信访事项有权处理的行政机关办理信访事项，应当听取信访人陈述事实和理由；必要时可以要求信访人、有关组织和人员说明情况；需要进一步核实有关情况的，可以向其他组织和人员调查。

对重大、复杂、疑难的信访事项，可以举行听证。听证应当公开举行，通过质询、辩论、评议、合议等方式，查明事实，分清责任。听证范围、主持人、参加人、程序等由省、自治区、直辖市人民政府规定。

133

（2）时间规定

信访事项应当自受理之日起 60 日内办结；情况复杂的，经本行政机关负责人批准，可以适当延长办理期限，但延长期限不得超过 30 日，并告知信访人延期理由。法律、行政法规另有规定的，从其规定。

2. 信访事项办理的答复

（1）信访事项的办结

对信访事项有权处理的行政机关经调查核实，应当依照有关法律、法规、规章及其他有关规定，分别作出以下处理，并书面答复信访人：

1）请求事实清楚，符合法律、法规、规章或者其他有关规定的，予以支持；

2）请求事由合理但缺乏法律依据的，应当对信访人做好解释工作；

3）请求缺乏事实根据或者不符合法律、法规、规章或者其他有关规定的，不予支持。

（2）信访程序的终结

1）如果做出处理意见的行政机关是国务院，则该决定为终局裁决，依照法律规定，不但信访程序终结，而且也不能被提起行政诉讼或者行政复议。

2）如果办理（复查）意见是应当被申请复议或诉讼的，那么信访人就不能申请信访复查（复核），该意见就是信访终结意见，无论信访人是否申请了复议或诉讼，信访程序均告终结。

3）如果办理（复查）意见是不能被申请复议或诉讼的，而信访人在收到办理（复查）意见，并被告知相应救济途径之日起 30 日内未向相关机关的上一级行政机关申请复查或者复核的，那么办理复查意见为信访终结意见，信访程序终结。

4）复核意见是当然的信访终结意见，无论信访人是否应当或已经申请复议或诉讼，信访程序均告终结。

（3）信访人对信访事项处理意见不服的情形

信访人对行政机关作出的信访事项处理意见不服的，可以自收到书面答复之日起 30 日内请求原办理行政机关的上一级行政机关复查。收到复查请求的行政机关应当自收到复查请求之日起 30 日内提出复查意见，并予以书面答复。

（4）复查的程序

复查的程序分为申请、审查和作出复查意见三步。

1）申请。提出复查申请必须满足以下几个条件：

① 必须由不服办理意见的信访人提出。

② 有具体的复查请求和事实依据。

③ 属于信访复查的范围。

④ 属于该接受申请机关的职权范围。

⑤ 该复查请求必须自收到办理机关的书面答复之日起 30 日内提出。

2）审查。分为形式审查和实质审查两个方面。形式审查主要是对复查条件和法定申请期限进行审查，如果不符合则不予审查；实质审查主要是审查关于信访事项的事实认定是否准确，办理意见是否合法与适当。

3）作出复查意见。办理意见事实清楚、依据充分、处理恰当的，维护原处理意见；

办理意见事实不清楚、证据不充分或者处理意见不当的，依照职权直接变更原办理意见或者责令办理机关重新办理。复查意见应当自收到复查申请之日起 30 日内作出，并向信访人作出复查的书面答复。

（5）信访人对复查、复核意见不服的情形

信访人对复查意见不服的，可以自收到书面答复之日起 30 日内向复查机关的上一级行政机关请求复核。收到复核请求的行政机关应当自收到复核请求之日起 30 日内提出复核意见。

复核机关可以按照《信访条例》第 31 条第 2 款的规定："举行听证，经过听证的复核意见可以依法向社会公示。听证所需时间不计算在前款规定的期限内。"

信访人对复核意见不服，仍然以同一事实和理由提出投诉请求的，各级人民政府信访工作机构和其他行政机关不再受理。

九、人力资源开发及管理的基本知识

（一）人力资源开发与管理的基本原理

1. 人力资源管理的理论基础

（1）人力资源管理的概念

1）人力资源是指能够推动整个社会和经济发展的且具有智力劳动和体力劳动能力的劳动者的总和。人力资源包括人的智力、体力、知识和技能。

首先，人力资源的本质是人所具有的脑力和体力的总和，可以统称为劳动能力。其次，这一能力要能够对财富的创造起贡献作用，成为社会财富的源泉。最后，这一能力还要能够被组织所利用，这里的"组织"可以大到一个国家或地区，也可以小到一个企业或作坊。

2）人力资源管理，宏观地讲是围绕着充分开发人力资源效能的目标，对人力资源的取得、开发、保持和利用等方面所进行的管理活动的总称。微观地讲，是指根据组织发展战略的要求，有计划地对人力资源进行合理配置，通过对组织中员工的招聘、培训、使用、考核、激励、调整等一系列过程，调动员工的积极性，发挥员工的潜能，为组织创造价值，确保组织战略目标的实现。

人力资源管理是企业的一系列人力资源政策以及相应的管理活动。这些活动主要包括人力资源战略的制定，员工的招募与选拔，培训与开发，绩效管理，薪酬管理，员工流动管理，员工关系管理，员工安全与健康管理等，即：企业运用现代管理方法，对人力资源的获取、开发、保持和利用等方面所进行的计划、组织、指挥、控制和协调等一系列活动，最终达到实现企业发展目标的一种管理行为。

（2）人力资源管理的经典理论

在管理学领域，关于人力资源管理的经典理论很多，在此，仅简要介绍 X 理论、Y 理论和 Z 理论。

在近现代人力资源管理论中，道格拉斯·麦格雷戈把对人的基本假设作了区分，即 X 理论和 Y 理论。X 理论认为：人们总是尽可能地逃避工作，不愿意承担责任，因此要想有效地进行管理，实现组织的目标，就必须实行强制手段，进行严格的领导和控制。Y 理论则是建立在个人和组织的目标能够达成一致的基础之上。Y 理论认为，工作是人的本能，人们会对承诺的目标做出积极反应，并且能够从工作中获得情感上的满足；员工在恰当的工作条件下愿意承担责任。

不同的理论假设对于人力资源管理实践具有不同的含义：X 理论要求为了实现有效的管理，实现企业的目标，应当采取严格的人力资源管理措施，进行严格的监督和控制。Y 理论则要求管理实践要满足人们的成就感、自尊感和自我实现感等需求。

在 20 世纪 80 年代具有重大影响的《Z 理论》的作者威廉·大内，通过大量的企业调研在其著作中提出了"Z 型组织"的理论。他认为："提高生产率的关键因素是员工在企业中的归属感和认同感"，因此，企业应实行民主管理，即职工参与管理。他的理论是在行为科学的 X 理论、Y 理论之后，对人的行为从个体上升到群体和组织的高度进行研究，认为人的行为不仅仅是个体行为，而且是整体行为。Z 理论的要点是：长期的雇佣；相互信任的人际关系，员工相互平等；人性化的工作条件和环境，消除单调的工作，实行多专多能；注重对人的潜能细致而积极地开发和利用；树立整体观念，独立工作，自我管理。Z 理论为以人为本的思想提供了具体的管理模式，以人为本的员工管理模式的关键在于员工的参与。

就人力资源本身来说，人力资源管理具有以下几种特性：

时效性：其开发和利用受时间限制。

能动性：不仅为被开发和被利用的对象，且具有自我开发的能力。

两重性：是生产者也是消费者。

智力性：智力具有继承性，能得到积累、延续和增强。

再生性：基于人口的再生产和社会再生产过程。

连续性：使用后还能继续开发。

时代性：经济发展水平不同的人力资源的质量也会不同。

社会性：文化特征是通过人这个载体表现出来的。

消耗性：人力资源在使用过程中的磨损性。

另外，在马斯洛的"需要层次理论"中，最高一级的需要是自我实现的需要。阿吉里斯的"不成熟——成熟理论"中所谓成熟个性的人，也就是自我实现的人。

马斯洛需求层次理论依次为：①生理需求；②安全需求；③社会需求；④尊重需求；⑤自我实现需求。

2. 人力资源规划的定义、原则和内容

（1）人力资源规划的定义

人力资源规划，是指一个组织科学地预测、分析组织在内外环境变化中的人力资源需求与供给状况，制定必要的政策和措施，以确保组织在需要的时候和需要的岗位上得到各种所需要的人力资源的过程。

（2）人力资源规划的原则

人力资源规划的原则一般有如下几点：

1）充分考虑内部、外部环境的变化

人力资源计划只有充分地考虑了内、外环境的变化，才能适应需要，真正地做到为企业发展目标服务。内部变化主要指销售的变化、开发的变化、或者说企业发展战略的变化，还有公司员工的流动变化等；外部变化指社会消费市场的变化、政府有关人力资源政策的变化、人才市场的变化等。为了更好地适应这些变化，在人力资源计划中应该对可能出现的情况做出预测和风险变化，最好能有面对风险的应对策略。

2）提供企业的人力资源保障

企业的人力资源保障问题是人力资源计划中应解决的核心问题。它包括人员的流入预

测、流出预测、人员的内部流动预测、社会人力资源供给状况分析、人员流动的损益分析等。只有有效地保证了对企业的人力资源供给,才可能去进行更深层次的人力资源管理与开发。

3) 使企业和员工都得到长期的利益

人力资源计划不仅是面向企业的计划,也是面向员工的计划。企业的发展和员工的发展是互相依托、互相促进的关系。如果只考虑企业的发展需要,而忽视了员工的发展,则会有损企业发展目标的达成。优秀的人力资源计划,既是使企业和员工达到长期利益的计划,也是能够使企业和员工共同发展的计划。

(3) 人力资源规划的内容

一般而言,人力资源规划包括五个方面的内容:

1) 战略规划:是根据企业总体发展战略的目标,对企业人力资源开发和利用的方针,政策和策略的规定,是各种人力资源具体计划的核心,是事关全局的关键性计划。

2) 组织规划:组织规划是对企业整体框架的设计,主要包括组织信息的采集,处理和应用,组织结构图的绘制,组织调查,诊断和评价,组织设计与调整,以及组织机构的设置等。

3) 制度规划:制度规划是人力资源总规划目标实现的重要保证,包括人力资源管理制度体系建设的程序,制度化管理等内容。

4) 人员规划:人员规划是对企业人员总量、构成、流动的整体规划,包括人力资源现状分析、企业定员、人员需求和供给预测和人员供需平衡等。

5) 费用规划:费用规划是对企业人工成本,人力资源管理费用的整体规划,包括人力资源费用的预算、核算、结算以及人力资源费用控制。

人力资源规划又可分为战略性的长期规划、策略性的中期规划和具体作业性的短期计划,这些规划与组织的其他规划相互协调联系,既受制于其他规划,又为其他规划服务。

人力资源规划是预测未来的组织任务和环境对组织的要求,以及为了完成这些任务和满足这些要求而设计的提供人力资源的过程。通过收集和利用现有的信息对人力资源管理中的资源使用情况进行评估预测。对于我们现在来说,人力资源规划的实质是根据公司经营方针,通过确定未来公司人力资源管理目标来实现公司的既定目标。

(二)人员招聘与动态管理

1. 人员招聘

(1) 招聘的程序

1) 制定招聘计划。首先必须根据本组织目前的人力资源分布情况及未来某时期内组织目标的变化,分析从何时起本组织将会出现人力资源的缺口,是数量上的缺口,还是层次上需要提升。这些缺口分布在哪些部门,数量分布如何,层次分布是怎样的。根据对未来情况的预测和对目前情况的调查来制定一个完整的招聘计划。拟定招聘的时间、地点、欲招聘人员的类型、数量、条件、具体职位的具体要求、任务以及应聘后的职务标准及薪资等。

2）组建招聘小组。对许多企业，招聘工作是周期性或临时性的工作，因此，应该有专人来负责此项工作，在招聘时成立一个专门的临时招聘小组，该小组一般应由招聘单位的人事主管以及用人部门的相关人员组成。专业技术人员的招聘还必须由有关专家参加，如果是招聘高级管理人才，一般还应有经济管理等相关方面的专家参加，以保证全面而科学地考察应聘人员的综合素质及专项素质。招聘工作开始前应对有关人员进行培训，使其掌握政策、标准，并明确职责分工，协同工作。

3）确立招聘渠道，发布招聘信息。根据计划招聘人员的类别、层次以及数量，确定相应的招聘渠道。一般可以通过有关媒介（如专业报纸、杂志、电台、电视、大众报刊）发布招聘信息，或去人才交流机构招聘，或者直接到大中专院校招聘应届毕业生。

4）甄别录用。一般的筛选录用过程是：根据招聘要求，审核应聘者的有关材料，根据从应聘材料中获得的初步信息安排各种测试，包括笔试、面试、心理测试等，最后经高级主管面试合格，办理录用手续。在一些高级人员的招聘过程中，往往还要对应聘者进行个性特征、心理健康水平以及管理能力、计算机水平模拟测试等。

5）工作评估。人员招聘进来以后，应对整个招聘工作进行检查、评估，以便及时总结经验，纠正不足。评估结果要形成文字材料，供下次参考。此外，在新录用人员试用一段时间后，要调查其工作绩效，将实际工作表现与招聘时对其能力所做的测试结果做比较，确定相关程度，以判断招聘过程中所使用的测试方法的可信度和有效度，为测试方法的选择和评价提供科学的依据。

（2）招聘的原则

1）公开招聘。将招聘单位、招聘种类、招聘条件、招聘数量、招聘方法、时间地点等通过登报或其他方式公布于众，这样一方面可以将录用工作置于公开监督之下，以防止不正之风；另一方面也可以吸引广大应聘者，形成竞争局面，有利于找到高素质的人才。

2）公平公正。在招聘过程中，坚持公平竞争原则，对所有的应聘者应一视同仁，杜绝"拉关系、走后门"等腐败现象。也不得主观片面地根据个人的好恶进行选拔，要以严格的标准、科学的方法，通过全面考核，公正地选拔真正的优秀人才。

3）全面考核。要对应聘者的德、智、能、体等各个方面进行综合考察和测试。劳动者的德决定劳动者的智能的使用方向，关系到劳动者能力的发挥。智，是指一个人的知识和智慧；能，是指一个人的技能和能力。对智、能的考核，不仅是对知识的测试，还包括智慧、技能、能力和人格等各方面的测试。体，是指身体素质。体质是劳动者智、能得以发挥的生理基础，对"体"的考核，是其他一切考核的前提。如果没有一个健康的身体，有再高的智、能也不能胜任工作。

4）择优录用。根据应聘者的考核成绩，从中选择优秀者录用。择优录用的依据是对应聘者的全面考核的结论和录用标准。是否做到择优录用，是人员招聘成败的关键。

5）双向选择。企业根据自己的各种职务的需要选择优秀者，同时劳动者也可以根据自己的条件自主地选择职业，在招聘过程中，招聘者不能以主观意志为转移，只考虑自身一个方面的需要去选择，更要考虑所需人员的要求，创造条件吸引他们，使他们愿意为本企业工作。

6）效率优先。以尽可能少的招聘成本录用到合适的人员，选择最合适的招聘渠道和科学合理的考核方法，在保证所聘人员质量的基础上节约招聘费用，避免长期职位空缺而造成的损失。

（3）招聘的渠道

人员招聘可分为内部征召和外部招聘两个渠道。

1）内部征召

内部征召是指吸引现在正在企业任职的员工，填补企业的空缺职位。这也是企业重要的征召来源，特别是对企业管理职位来说，是最重要的来源。内部征召渠道有两个：

① 内部提升。当企业中有些比较重要的职位需要招聘人员时，让企业内部符合条件的员工，从一个较低级的职位晋升到一个较高级的职位的过程就是内部提升。

② 职位转换。指企业空缺的职位与现有员工职位调到同一层次的职位上去，即平调或者调到下一层次的空缺职位上去的过程。

内部招募的优点在于：

① 候选人来自内部，企业对其能力比较了解，在一定程度上减少了用人风险，同时，由于候选人对岗位和企业也比较了解，能迅速适应工作，可以减少入职培训成本。

② 内部招聘还为员工提供了职业发展路径，有利于鼓舞员工士气。

③ 内部招聘不需要像外部招聘一样刊登广告、召开招聘会、开展大规模的宣传工作，节省了招募时间和费用。

④ 内部候选人对组织目标有较强的认同感，离职可能性低，有利于人员稳定和企业长期发展。

相应地，内部招聘的劣势也比较明显：

① 内部招聘在激励员工的同时，也有可能引发同事间的过度竞争、造成同事关系紧张。

② 竞争失利的员工可能感到心理不平衡，不仅员工士气受到影响，而且还可能因为不服新任管理者，影响管理权威。

③ 容易引发"近亲繁殖"问题，造成管理思想、观念的因循守旧，缺乏创新和活力。

2）外部招聘

外部招聘的方法主要有以下几种：

① 员工推荐。员工推荐是指组织内的员工从他们的朋友或熟悉的人中引荐求职者。

② 顾客中挖掘。顾客本人可能就在寻求变动职业，或者他们认识的某些人可能成为优秀的员工。可以向顾客发送招聘传单或向顾客发送产品广告时附一张招聘传单等，也可更有选择性地仅给那些你愿意招聘的顾客发送招聘传单，还可以利用任何联系顾客的方法来把你的要求提示给顾客，也可以亲自邀请他们推荐工作应聘者。

③ 刊登广告。广告可能是最广泛地通知潜在求职者工作空缺的办法，借助不同的媒体做广告，会带来不同的效果，可以选择报纸，杂志，广播，电视和其他印刷品刊登广告。

④ 人才招聘会。人才招聘会有两种：专场招聘会和非专场招聘会。企业如果决定以招聘会的方式招聘人员就要制定好招聘方案，因为一个大型的招聘会有几百家或更多的企业同时招聘，同样性质的职位，可能有许多企业都在招聘。

⑤ 校园招聘。校园招聘的优点是企业可以找到足够数量的高素质的人才，而且新毕

业学生的学习愿望和学习能力强，可塑性也很强。不足之处是没有工作经验，需要进行一定的培训，对自身能力估计不现实，容易对工作产生不满，毕业后的前几年有较高的更换单位的概率。

⑥ 就业机构介绍。就业机构是帮助企业招聘员工和帮助个人找到工作的一种中介组织。包括各种职业介绍所，人才交流中心等。借助于这些机构，企业与求职者均可获得大量信息，同时也可传播各自的信息，是一条行之有效的招聘与就业途径。

⑦ 猎头公司。猎头公司是专门为组织招聘高级管理人才或重要的专业人才的职业中介机构。这些公司进行两类业务：一是针对需要人的组织寻找合适的候选人，二是针对需要工作的专业人员，寻找需要的工作职位。

⑧ 网络招聘等方式。网络招聘是利用计算机及网络技术支持全部的招聘过程。借助互联网和组织内部的人力资源信息系统，将申请过程、发布信息过程、招聘筛选过程、录用过程等有机融合，形成一个全新的网络招聘系统，使组织能够更好、更快、更低成本吸引应聘者，并能征召到组织所需要的人才。

外部招聘的优势包括：

① 吸纳外部人员能为组织带来新技术、新观念、新想法，为企业带来活力。

② "新人"的压力会对老员工产生激励作用，带动其工作积极性。

③ 应聘者人数多，选择范围广，可以帮助组织选拔更合适的人才。

④ 避免企业内部人员过度竞争带来的负面效果。

同时，外部招聘的劣势也是很明显的：

① 打击内部人员的工作热情，使他们产生晋升无望的感觉。

② 对外部候选人的相关情况不了解，承担因此带来的雇佣风险。

③ 外部人员如果不能认同企业文化，会导致离职率上升，影响企业的稳定。

④ 对企业情况不了解，需要较长时间的培训和适应。

⑤ 人员搜寻成本比较大等。

2. 动态管理

企业人员的管理一般是动态的，分为内部流动管理及流出管理。

（1）员工内部流动管理

员工进入组织后，他们就有可能在组织内部流动，如员工职位调整（调动）、岗位轮换、晋升、降职等，以适应组织的工作需要和满足个人的职业愿望。

1）员工职位调整（调动）。员工职位调整，即平级调动，是指平级变动组织内部员工的工作岗位或工作现场。员工职位调整是组织根据实际需要，调剂各岗位员工的余缺，将员工从原来职位上调离去担任新的职位。

2）职务（岗位）轮换。职务（岗位）轮换，已形成一种制度，是组织有计划地按照大体确定的期限，让员工轮换担任若干种不同工作的做法，从而达到考察员工工作的适应性和开发员工多种能力的双重目的。

3）晋升。晋升是指员工由于工作业绩出色和组织工作的需要，由原来的职位上升到另一个较高的职位。对员工来说晋升是一种成就，是一种激励，但不当的晋升，会挫伤一部分员工的积极性，成为企业管理层与员工之间矛盾的根源。

4)降职。降职是员工在组织中工作向低级职位调动。降职是一种带有惩处性质的管理行为,处理这种问题一定要慎重。在采取降职措施时应该征求当事人的意见,并努力维护当事人的自尊心,说明当事人对组织的价值,使其保持一种积极心态。

(2)员工流出管理

1)解雇(辞退)、开除。解雇(辞退)是指由于组织要减少劳动力的数量,或者在某种情况下由于员工个人方面的原因引起的组织解聘决定。开除一般是指由于员工个人方面的原因,如违反规定、旷工或不服从管理等而引起的解聘(开除)。

2)提前退休。提前退休是指员工没有达到国家法定退休年龄或企业规定的服务期限之前就退休。提前退休常常是由企业提出来的,以提高企业的效率,或为了给年轻的员工打开晋升的途径,也可以为企业面临大量裁员抉择时缓解裁员压力。

3)自愿流出。自愿流出即员工个人向组织提出辞职。

对于企业不希望出现的员工自愿流出,因为这种员工自愿流出会给企业带来损失,这又称为员工流失,其表现形式是员工自动辞职,员工主动要求脱离现任职位,与组织解除劳动合同,退出组织的工作。如果一个组织很多高素质、有竞争力的员工要离开,这会给这个组织带来严重的损失,因此组织要设法加以控制以留住人才。

(三)人员培训

员工培训是指在将组织发展目标和员工个人发展目标相结合的基础上,有计划、有系统地组织员工从事学习和训练,增长员工的知识水平,提高员工的工作技能,改善员工的工作态度,激发员工的创新意识,最大限度地使员工的个人素质与工作需求相匹配,使员工能胜任目前所承担的或将要承担的工作与任务的人力资源管理活动。

1. 培训的形式

员工培训的形式有几种不同的划分方式。

(1)从培训与工作关系来划分,可分为在职培训和脱产离职培训。

(2)从培训的组织形式来划分,可分为正规学校、成人教育学校、短训班、自学等形式。

(3)从培训的目的来分,有学历培训、文化补课、岗位职务培训等。

(4)从培训的层次方面来划分,可分为高层培训,中层培训和初级培训。

(5)从培训的对象不同可划分为职前培训教育、新员工培训、在职职工培训、企业的全员培训等。

2. 培训的内容

(1)管理人员培训

1)岗位培训。是对一切从业人员,根据岗位或职务对其具备的全面素质的不同需要,按照不同的劳动规范,本着干什么学什么、缺什么补什么的原则进行的培训活动。它旨在提高职工的本职工作能力,使其成为合格的劳动者,并根据生产发展和技术进步的需要,不断提高其适应能力,包括对企业经理的培训,对项目经理的培训,对基层管理人员和土建、装饰、水暖、电气工程的培训及对其他岗位的业务、技术干部的培训。

2）继续教育。包括建立以"三总师"为主的技术、业务人员继续教育体系、采取按系统、分层次、多形式的方法，对具有中专以上学历的初级以上职称的管理人员进行继续教育。

3）学历教育。主要是有计划选派部分管理人员到高等院校深造。培养企业高层次专业管理人才和技术人才，毕业后回本企业继续工作。

（2）工人培训

1）班组长培训。即按照国家建设行政主管部门制定的班组长岗位规范，对班组长进行培训，通过培训最终达到班组长持证上岗。

2）技术工人等级培训。按照住房和城乡建设部颁发的《工人技术等级标准》和人力资源社会保障部颁发的有关工人技师评聘条例，开展中、高级工人应知应会考评和工人技师的评聘。

3）特种作业人员的培训。根据国家有关特种作业人员必须单独培训、持证上岗的规定，对企业从事电工、塔式起重机驾驶员等工种的特种作业人员进行培训，保证100％持证上岗。

4）对外埠施工队伍的培训。按照省、市有关外地务工人员必须进行岗前培训的规定，企业对所使用的外地务工人员进行培训，颁发省、市统一制发的外地务工经商人员就业专业训练证书。

（四）绩效与薪酬管理

1. 绩效管理

（1）绩效管理的内容

我国从20世纪80年代开始对绩效考核的研究，将"德、能、勤、绩"四个方面确定为人员的考核项目内容。德、能是业绩的基础，勤、绩是工作成果的具体表现，而以绩为考核中心，也可以说，绩是德、能、勤的综合体现。

"德"是人的精神境界、道德品质和思想追求的综合体现。德决定了一个人的行为方向、行为的强弱、行为的方式。

"能"是指人的能力素质，即认识世界和改造世界的能力。一般来说，一个人的能力主要包括动手操作能力、认知能力、思维能力、表达能力、研究能力、组织指挥能力、协调能力、决策能力等。对不同职位，其能力的要求也各有侧重。进行评价时，应加以区别对待。

"勤"是指工作的态度，它主要体现在员工日常工作表现上，如工作的积极性、主动性、创造性、努力程度以及出勤率等方面。对勤的考查不仅要有量的衡量，如出勤率，更要有质的评价，即是否以满腔的热情，积极、主动地投入到工作中去。

"绩"是指员工的工作业绩，包括完成工作的数量、质量、经济效益、影响和作用。在一个组织中岗位、责任不同的人，其工作业绩的评价重点也有所不同。此外，在评价员工工作业绩时，不仅要考查员工的工作数量、质量，更要考查其工作为企业所带来的经济效益。对效益的考查是对员工绩效评价的核心。

（2）绩效管理的方法

1）简单排序法

简单排序法也称序列法或序列评定法，即对一批考核对象按照一定标准排出先后的顺序。该方法的优点是简便易行，具有一定的可信性，可以完全避免趋中倾向或宽严误差。缺点是考核的人数不能过多，以5～15人为宜；而且只适用于考核同类职务的人员，对从事不同职务工作的人员则因无法比较，而大大限制了应用范围，不适合在跨部门人事调整方面应用。

2）强制分配法

强制分配法也称硬性分布法，是按预先规定的比例将被评价者分配到各个绩效类别上的方法。这种方法是根据统计学的正态分布原理进行的，其特点是两边的最高分、最低分者很少，处于中间者居多。评价者按预先确定的概率，把考核对象分为五个类型，如优秀占5％，良好占15％，合格占60％，较差占15％，不合格占5％。

3）要素评定法

要素评定法也称功能测评法或测评量表法，它是把定性考核和定量考核结合起来的方法。

4）工作记录法

工作记录法也称生产记录法或劳动定额法，一般用于对生产工人操作性工作的考核。在一般的企业，对生产性工作有明确的技术规范并下达劳动定额，工作结果有客观标准衡量，因而可以用工作记录法进行考核。

5）目标管理法

目标管理法是一种综合性的绩效管理方法，而不仅仅是单纯的绩效考核技术手段。该方法的特点在于，它是一种领导者与下属之间的双向互动过程。在进行目标制定时，上级和下属依据自己的经验和手中的材料，各自确定一个目标，双方沟通协商，找出两者之间的差距以及差距产生的原因，然后重新确定目标，再次进行沟通协商，直至取得一致意见，即形成了目标管理的期望值。

6）360度考核法

360度考核法是一种从多角度进行的比较全面的绩效考核方法，也称全方位考核法或全面评价法。这种方法是选取与被考核者联系紧密的人来担任考核工作，包括上级、同事（以及外部客户）、下级和被考核者本人，用量化考核表对被考核者进行考核，采用五分制将考核结果记录，最后用坐标图来表示以供分析。

7）平衡计分卡法

平衡记分卡是一套能使组织快速而全面考察经营状态的评估指标。平衡计分卡包括财务、客户、业务流程和学习创新等四大方面的指标，财务衡量指标可以说是基本内容，它说明已采取的行动所产生的结果，同时还通过对顾客的满意度、组织内部的业务流程及组织的创新和提高活动进行评估，来补充财务衡量指标，并由此形成一个逻辑关系体系。

2. 薪酬管理

（1）薪酬管理目标

薪酬要发挥应有的作用，薪酬管理应达到以下三个目标：效率、公平、合法。达到效率和公平目标，就能促使薪酬激励作用的实现，而合法性是薪酬基本要求，因为合法是公司存在和发展的基础。

1）效率目标

效率目标包括两个层面，第一个层面站在产出角度来看，薪酬能给组织绩效带来最大价值，第二个层面是站在投入角度来看，实现薪酬成本控制。薪酬效率目标的本质是用适当的薪酬成本给组织带来最大的价值。

2）公平目标

公平目标包括三个层次：分配公平、过程公平、机会公平。

① 分配公平是指组织在进行人事决策、决定各种奖励措施时，应符合公平的要求。如果员工认为受到不公平对待，将会产生不满。

员工对于分配公平认知，来自于其对于工作的投入与所得进行主观比较而定，在这个过程中还会与过去的工作经验、同事、同行、朋友等进行对比。分配公平分为自我公平、内部公平、外部公平三个方面。自我公平，即员工获得的薪酬应与其付出成正比；内部公平，即同一企业中，不同职务的员工获得的薪酬应正比于其各自对企业做出的贡献；外部公平，即同一行业、同一地区或同等规模的不同企业中类似职务的薪酬应基本相同。

② 过程公平是指在决定任何奖惩决策时，组织所依据的决策标准或方法符合公正性原则，程序公平一致、标准明确、过程公开等。

③ 机会公平指组织赋予所有员工同样的发展机会，包括组织在决策前与员工互相沟通，组织决策考虑员工的意见，主管考虑员工的立场，建立员工申诉机制等。

3）合法目标

合法目标是企业薪酬管理的最基本前提，要求企业实施的薪酬制度符合国家、省、自治区的法律法规、政策条例要求，如不能违反最低工资制度、法定保险福利、薪酬指导线制度等的要求规定。

（2）薪酬管理的内容

薪酬管理是在组织发展战略指导下，对员工薪酬支付原则、薪酬策略、薪酬水平、薪酬结构、薪酬构成进行确定、分配和调整的动态管理过程。薪酬管理要为实现薪酬管理目标服务，薪酬管理目标是基于人力资源战略设立的，而人力资源战略服从于企业发展战略。

薪酬管理的内容包括：

1）薪酬的目标管理，即薪酬应该怎样支持企业的战略，又该如何满足员工的需要；

2）薪酬的水平管理，即薪酬要满足内部一致性和外部竞争性的要求，并根据员工绩效、能力特征和行为态度进行动态调整，包括确定管理团队、技术团队和营销团队薪酬水平，确定跨国公司各子公司和外派员工的薪酬水平，确定稀缺人才的薪酬水平以及确定与竞争对手相比的薪酬水平；

3）薪酬的体系管理，这不仅包括基础工资、绩效工资、期权期股的管理，还包括如何给员工提供个人成长、工作成就感、良好的职业预期和就业能力的管理；

4）薪酬的结构管理，即正确划分合理的薪级和薪酬等，正确确定合理的级差和等差，还包括如何适应组织结构扁平化和员工岗位大规模轮换的需要，合理地确定工资宽带；

5）薪酬的制度管理，即薪酬决策应在多大程度上向所有员工公开和透明化，谁负责设计和管理薪酬制度,薪酬管理的预算、审计和控制体系又该如何建立和设计。

(3) 薪酬模式分类:

概括来讲,薪酬有五种主要依据,相应地形成五种基本薪酬模式:基于岗位的薪酬模式、基于绩效的薪酬模式、基于技能的薪酬模式、基于市场的薪酬模式、基于年功工资的薪酬模式。

1) 基于岗位的薪酬模式

此种薪酬模式,主要依据岗位在企业内的相对价值为员工付酬。岗位的相对价值高,其工资也高,反之亦然。通俗地讲就是:在什么岗,拿多少钱。

军队和政府组织实施的是典型的依据岗位级别付酬的制度。在这种薪酬模式下,员工工资的增长主要依靠职位的晋升。因此,其导向的行为是:遵从等级秩序和严格的规章制度,千方百计获得晋升机会,注重人际网络关系的建设,为获得职位晋升采取政治性行为。

2) 基于绩效的薪酬模式

基于岗位的薪酬模式假设,静态岗位职责的履行必然会带来好的结果,在环境不确定性极大、变革成为常规的今天,这种假设成立的条件发生了极大的变化。企业要求员工根据环境变化主动设定目标,挑战过去,只是正确地做事已经不能满足竞争的需要,企业更强调做正确的事,要结果,而不是过程。

因此,主要按绩效付酬就成必然选择,其依据可以是企业整体的绩效,部门的整体绩效,也可以团队或者个人的绩效。具体选择哪个作为绩效付酬的依据,要看岗位的性质。总起来说,要考虑多个绩效结果。绩效付酬导向的员工行为很直接,员工会围绕着绩效目标开展工作,为实现目标会竭尽全能,力求创新,"有效"是员工行为的准则,而不是岗位付酬制度下的保守和规范。实际上,绩效付酬降低了管理成本,提高了产出。

3) 基于技能的薪酬模式

技能导向的工资制的依据很明确,就是员工所具备的技能水平。这种工资制度假设:技能高的员工的贡献大。其目的是确保全员工提高做工作的技术和能力水平,在技能工资制度下的员工往往会偏向于合作,而不是过度的竞争。

4) 基于市场的薪酬模式

基于市场的薪酬模式是指参照同等岗位的劳动力市场价格来确定薪酬待遇。该模式立足于人才市场的供需平衡原理,具有较强的市场竞争力和外部公平性。可以将企业内部同外部劳动力市场进行及时的有机互联,防止因为人才外流而削弱企业的竞争力。

不过,能够完全进行市场对标的企业多发生在充分竞争的企业或者行业之间,这种模式受到前提假设的严重限定,再则,过分同外部市场挂钩将加重企业自身的支付压力,不利于内部公平,其不足之处也显而易见。

5) 基于年功工资的薪酬模式

在基于年功工资的薪酬模式下,员工的工资和职位主要是随年龄和工龄的增长而提高。中国国有企业过去的工资制度在很大程度上带有年功工资的色彩,虽然强调技能的作用,但在评定技能等级时,实际上也是论资排辈。

年功工资的假设是服务年限长导致工作经验多,工作经验多,业绩自然会高;老员工对企业有贡献,应予以补偿。其目的在于鼓励员工对企业忠诚,强化员工对企业的归属感，导向员工终生服务于企业。在人才流动低、终身雇佣制环境下，如果员工确实忠诚于企业并不断进行创新，企业也可以实施年功工资制。其关键在于外部人才竞争环境比较稳定，否则很难成功地实施年功工资。

（4）薪酬模式的优缺点分析

1）岗位薪酬模式的优缺点

优点：①和传统按资历和行政级别的付酬模式相比，真正实现了同岗同酬，内部公平性比较强。②职位晋升，薪级也晋级，调动了员工努力工作以争取晋升机会的积极性。

缺点：①如果一个员工长期得不到晋升，尽管岗位工作越来越出色，但其收入水平很难有较大的提高，也就影响了其工作的积极性。这种情况非常普遍，一个员工的直接上级才三十来岁，企业的业务比较稳定，短期内没有提升的空缺职位，那么他的职业发展就缺乏前景和希望。②由于岗位导向的薪酬制度更看重内部岗位价值的公平性，在从市场上选聘比较稀缺的人才时，很可能由于企业内部的薪酬体系的内向性而满足不了稀缺人才的薪酬要求，也就吸引不来急需的专业人才和管理人才。

2）绩效薪酬模式的优缺点

优点：①员工的收入和工作目标的完成情况直接挂钩，让员工感觉很公平，"干多干少干好干坏不一样"，激励效果明显。②员工的工作目标明确，通过层层目标分解，组织战略容易实现。再次，企业不用事先支付过高的人工成本，在整体绩效不好时能够节省人工成本。

缺点：①员工收入在考虑个人绩效时，会造成部门或者团队内部成员的不良竞争，为取得好的个人绩效，员工可能会减少合作。因此，在需要团队协作制胜时，不应过分强调个人绩效对收入的作用。②绩效评估往往很难做到客观准确。对大多数中国企业来说，少有企业的绩效考核系统很完善，如果在这种情况下就将收入和绩效挂钩，势必造成新的不公平，也就起不到绩效付酬的激励作用。高的绩效也许是环境条件造成的，和员工的努力本身关联不大，反之亦然。③绩效付酬假设金钱对员工的刺激作用大，长期使用后会产生不良的导向，在企业增长缓慢时，员工拿不到高的物质方面的报酬，对员工的激励力度下降，在企业困难时，很难做到"共渡难关"，而可能会选择离职或消极工作。

3）技能薪酬模式的优缺点

优点：①员工注重能力的提升，就容易转换岗位，也就增加了发展机会，将来即使不在这个企业也会有竞争力；②不愿意在行政管理岗位上发展的员工可以在专业领域深入下去，同样获得好的待遇，对企业来说留住了专业技术人才；③员工能力的不断提升，使企业能够适应环境的多变，企业的灵活性增强。

缺点：①做同样的工作，但由于两个人的技能不同而收入不同，容易造成不公平感；②高技能的员工未必有高的产出，即技能工资的假设未必成立，这就要看员工是否投入工作；③界定和评价技能不是一件容易做到的事情，管理成本高；④员工着眼于提高自身技能，可能会忽视组织的整体需要和当前工作目标的完成；⑤对已达技能顶端的人才如何进一步的激励，这也是其弱点之一。

4）市场薪酬模式的优缺点

优点：①企业可以通过薪酬策略吸引和留住关键人才；②企业也可以通过调整那些替

代性强的人才的薪酬水平,从而节省人工成本,提高企业竞争力;③参照市场定工资,长期会容易让员工接受,降低员工在企业内部的矛盾。

缺点:①市场导向的工资制度要求企业良好的发展能力和盈利水平,否则难以支付和市场接轨的工资水平;②员工要非常了解市场薪酬水平,才能认同市场工资体系,因此,这种薪酬模式对薪酬市场数据的客观性提出了很高的要求,同时,对员工的职业化素质也提出了要求;③完全按市场付酬,企业内部薪酬差距会很大,会影响组织内部的公平性。

绩效工资制的特点,一是有利于雇员工资与可量化的业绩挂钩,将激励机制融于企业目标和个人业绩的联系之中;二是有利于工资向业绩优秀者倾斜,提高企业效率和节省工资成本;三是有利于突出团队精神和企业形象,增大激励力度和雇员的凝聚力;四是绩效工资占总体工资的比例在50%以上,浮动部分比较大。

(5)薪酬管理的原则

1)补偿性原则要求补偿员工恢复工作精力所必要的衣、食、住、行费用,和补偿员工为获得工作能力以及身体发育所先行付出的费用。

2)公平性原则要求薪酬分配全面考虑员工的绩效、能力及劳动强度、责任等因素,考虑外部竞争性、内部一致性要求,达到薪酬的内部公平、外部公平和个人公平。

3)透明性原则薪酬方案公开。

4)激励性原则要求薪酬与员工的贡献挂钩。

5)竞争性原则要求薪酬有利于吸引和留住人才。

6)经济性原则要求比较投入与产出效益。

7)合法性原则要求薪酬制度不违反国家法律法规。

8)方便性原则要求内容结构简明、计算方法简单和管理手续简便。

十、财务管理的基本知识

（一）成本与费用

1. 成本与费用的关系

（1）成本的概念与特点

1）成本的概念

从经济学的一般意义上讲，成本是商品经济的价值范畴，是商品价值的组成部分。人们要进行生产经营活动或达到一定的目的，就必须耗费一定的资源（人力、物力和财力），其所费资源的货币表现及其对象化称之为成本。

成本的概念有广义与狭义之分。美国会计师协会（AICPA）将成本定义为：成本是用货币计量的，为取得或即将取得的商品或劳务所支付的现金或转让的其他资产、发行的资本股票、提供的劳务或发生的负债的总额。这一定义对"商品和劳务"作了较为广义的解释，存货、预付费用、厂房、投资和递延费用都属于成本的概念范畴。这可以视为广义的成本概念。《企业会计制度》第 99 条将成本定义为：成本是指企业为生产产品、提供劳务而发生的各种耗费。因此，狭义的成本是指产品成本。

2）成本的特点

从上述分析可知，成本的基本特点在于成本的发生不影响所有者权益的变动。这一特点具体表现为：

① 用现金、其他资产等支付的成本，改变的只是资产的存在方式，不改变资产总额。

② 以负债方式形成的成本，使资产和负债同时以相同的金额增加，但成本的发生不影响所有者权益的变化。

（2）费用的概念与特点

1）费用的概念

在财务会计中，费用是指企业在生产和销售商品、提供劳务等日常经济活动中所发生的、会导致所有者权益减少的、与向所有者分配利润无关的经济利益的总流出。

2）费用的特点

① 费用是企业日常活动中发生的经济利益的流出，并且经济利益的流出能够可靠计量。

② 费用将引起所有者权益的减少。一般而言，企业的所有者权益会随着收入的增长而增加；相反，费用的增加会减少所有者权益。但是所有者权益减少也不一定都列入费用，如企业偿债性支出和向投资者分配利润，显然减少了所有者权益，但不能归入费用。

③ 费用可能表现为资产的减少，或负债的增加，或者兼而有之。费用本质上是一种企业资源的流出，它与资源流入企业所形成的收入相反，它也可理解为资产的耗费，其目

的是取得收入,从而获得更多资产。

④ 费用只包括本企业经济利益的流出,而不包括为第三方或客户代付的款项及偿还债务支出。

(3) 费用和成本的区别与联系

1) 生产费用和期间费用的划分

费用按不同的分类标准,可以有多种不同的费用分类方法。费用按经济用途可分为生产费用和期间费用两类。

生产费用是与产品生产直接相关的费用。但生产费用与产品生产成本既有联系又有区别:从联系看,生产费用的发生过程,同时又是产品生产成本(制造成本)的形成过程,生产费用是构成产品生产成本的基础;从区别看,生产费用是某一期间内为进行生产而发生的费用,它与一定期间相联系;而产品成本是为生产某一种产品而发生的费用,它与一定种类和数量的产品相联系。

期间费用,与一定期间相联系,直接从企业当期销售收入中扣除的费用。从企业的损益确定来看,期间费用与产品销售成本、产品销售税金及附加一起从产品销售收入中扣除后作为企业当期的营业利润。当期的期间费用是全额从当期损益中扣除的,其发生额不影响下一个会计期间。

期间费用一般包括营业费用、管理费用和财务费用三类。

2) 成本和费用的联系

① 成本和费用都是企业除偿债性支出和分配性支出以外的支出的构成部分。

② 成本和费用都是企业经济资源的耗费。

③ 生产费用经对象化后进入生产成本,但期末应将当期已销产品的成本结转进入当期的费用。

3) 成本和费用的区别

① 成本是对象化的费用,其所针对的是一定的成本计算对象。

② 费用则是针对一定的期间而言的,包括生产费用和期间费用。生产费用是企业在一定时期内发生的通用货币计量的耗费,生产费用经对象化后,才可能转化为产品成本。期间费用不计入产品生产成本,而直接从当期损益中扣除。

2. 工程成本的范围

施工企业的生产成本即工程成本,是施工企业为生产产品、提供劳务而发生的各种施工生产费用,又可以分为直接费用和间接费用。

(1) 直接费用

直接费用是指直接为生产产品而发生的各项费用,包括直接材料费、直接人工费和其他直接支出。在制造企业中,直接费用包括直接材料、直接工资和其他直接支出。直接材料包括企业生产经营过程中实际消耗的原材料、辅助材料、备品配件、外购半成品、燃料、动力、包装物以及其他直接支出,直接工资包括企业直接从事产品生产的人员的工资、奖金、津贴和补贴。

(2) 间接费用

所谓间接费用是指企业内部的生产经营单位为组织和管理生产经营活动而发生的共同

费用和不能直接计入产品成本的各项费用，如多种产品共同消耗的材料等，这些费用发生后应按一定标准分配计入生产经营成本。

间接费用包括企业内部的各生产经营单位（分厂、车间、项目经理部）为组织和管理生产所发生的各种费用，例如生产经营单位管理人员的工资和福利费、办公费、水电费、机物料消耗、劳动保护费、机器设备的折旧费、修理费、低值易耗品摊销等。

3. 期间费用的范围

期间费用是指企业本期发生的、不能直接或间接归入营业成本，而是直接计入当期损益的各项费用，包括销售费用，管理费用和财务费用等。

施工企业的期间费用主要包括管理费用和财务费用。

（1）管理费用

管理费用是指企业行政管理部门为管理和组织经营活动而发生的各项费用，包括：

1）管理人员工资：是指管理人员的基本工资、工资性补贴、职工福利费、劳动保护费等。

2）办公费：是指企业管理办公用的文具、纸张、账表、印刷、邮电、书报、会议、水电、烧水和集体取暖（包括现场临时宿舍取暖）用煤等费用。

3）差旅交通费：是指职工因公出差、调动工作的差旅费、住勤补助费，市内交通费和误餐补助费，职工探亲路费，劳动力招募费，职工离退休、退职一次性路费，工伤人员就医路费，工地转移费以及管理部门使用的交通工具的油料、燃料、养路费及牌照费。

4）固定资产使用费：是指管理和试验部门及附属生产单位使用的属于固定资产的房屋、设备仪器等的折旧、大修、维修或租赁费。

5）工具用具使用费：是指管理使用的不属于固定资产的生产工具、器具、家具、交通工具和检验、试验、测绘、消防用具等的购置、维修和摊销费。

6）劳动保险费：是指由企业支付离退休职工的易地安家补助费、职工退职金、六个月以上的病假人员工资、职工死亡丧葬补助费、抚恤费、按规定支付给离休干部的各项经费。

7）工会经费：是指企业按职工工资总额计提的工会经费。

8）职工教育经费：是指企业为职工学习先进技术和提高文化水平，按职工工资总额计提的费用。

9）财产保险费：是指施工管理用财产、车辆保险。

10）税金：是指企业按规定缴纳的房产税、车船使用税、土地使用税、印花税等。

11）其他：包括技术转让费、技术开发费、业务招待费、绿化费、广告费、公证费、法律顾问费、审计费、咨询费等。

（2）财务费用

财务费用是指企业为筹集生产所需资金等而发生的费用，包括应当作为期间费用的利息支出（减利息收入）、汇兑损失（减汇兑收益）、相关的手续费以及企业发生的现金折扣或收到的现金折扣等内容。

1）利息支出：利息支出主要包括企业短期借款利息、长期借款利息、应付票据利息、票据贴现利息、应付债券利息、长期应引进国外设备款利息等利息支出。

2）汇兑损失：汇兑损失指的是企业向银行结售或购入外汇而产生的银行买入、卖出价与记账所采用的汇率之间的差额，以及月（季、年）度终了，各种外币账户的外向期末余额，按照期末规定汇率折合的记账人民币金额与原账面人民币金额之间的差额等。

3）相关手续费：相关手续费指企业发行债券所需支付的手续费、银行手续费、调剂外汇手续费等，但不包括发行股票所支付的手续费等。

4）其他财务费用：其他财务费用包括融资租入固定资产发生的融资租赁费用等。

（二）收入与利润

1. 收入的分类及确认

（1）收入的概念及特点

1）收入的概念

狭义上的收入是指在销售商品、提供劳务及让渡资产使用权等日常活动中形成的经济利益的总收入，即营业收入，包括主营业务收入和其他业务收入，不包括为第三方或客户代收的款项。

广义上的收入包括营业收入、投资收益、补贴收入和营业外收入。营业收入是构成企业利润的主要来源。

2）收入的特点

收入有以下几方面的特点：

① 收入从企业的日常活动中产生，而不是从偶发的交易或事项中产生。日常活动是指企业为了完成所有的经济目标而从事的一切活动。这些活动具有经常性、重复性和可预见性的特点。如制造企业销售产成品，商品流通企业销售商品等。与日常活动相对应，企业还会发生一些偶然的事项，导致经济利益的流入，如出售固定资产、接受捐赠等。由这种偶然发生的非正常活动产生的收入则不能作为企业的收入。

② 收入可能表现为企业资产的增加，也可能表现为企业负债的减少，或二者兼而有之。收入通常表现为资产的增加，如在销售商品或提供劳务并取得收入的同时，银行存款增加；有时也表现为负债的减少，如预收款项的销售业务，在提供了商品或劳务并取得收入的同时，预收账款将得以抵偿。有时这种预收款业务在预收款得以抵偿后，仍有银行存款的增加，此时即表现为负债的减少和资产的增加兼而有之。

③ 收入能导致企业所有者权益的增加，收入是与所有者投入无关的经济利益的总流入，这里的流入是总流入，而不是净流入。根据"资产＝负债＋所有者权益"的会计恒等式，收入无论表现为资产的增加还是负债的减少，最终必然导致所有者权益增加。不符合这一特征的经济利益流入，也不是企业的收入。

④ 收入只包括本企业经济利益的流入，不包括为第三方或客户代收的款项。如代国家收取的增值税，旅行社代客户收取门票、机票，还有企业代客户收取的运杂费等。因为代收的款项，一方面增加企业的资产，一方面增加企业的负债，但它不增加企业的所有者权益，也不属于本企业的经济利益，不能作为本企业的收入。

（2）收入分类

按收入的性质，企业的收入可以分为建造（施工）合同收入、销售商品收入、提供劳务收入和让渡资产使用权收入等。

1）建造（施工）合同收入是指企业通过签订建造（施工）合同并按合同要求为客户设计和建造房屋、道路、桥梁、水坝等建筑物以及船舶、飞机、大型机械设备等而取得的收入。其中，建筑业企业为设计和建造房屋、道路等建筑物签订的合同也叫作施工合同，按合同要求取得的收入称为施工合同收入。

2）销售商品收入是指企业通过销售产品或商品而取得的收入。建筑业企业销售商品主要包括产品销售和材料销售两大类。产品销售主要有自行加工的碎石、商品混凝土、各种门窗制品等；材料销售主要有原材料、低值易耗品、周转材料、包装物等。

3）提供劳务收入是指企业通过提供劳务作业而取得的收入。建筑业企业提供劳务一般均为非主营业务，主要包括机械作业、运输服务、设计业务、产品安装、餐饮住宿等。提供劳务的种类不同，完成劳务的时间也不同，有的劳务一次就能完成，且一般均为现金交易，如餐饮住宿、运输服务等；有的劳务需要较长一段时间才能完成，如产品安装、设计业务、机械作业等。提供劳务的种类和完成劳务的时间不同，企业确认劳务收入的方法也不同，一般应分别不跨年度和跨年度情况进行确认和计量。

4）让渡资产使用权收入是指企业通过让渡资产使用权而取得的收入，如金融企业发放贷款取得的收入，企业让渡无形资产使用权取得的收入等。

按企业营业的主次分类，企业的收入也可以分为主营业收入和其他业务收入两部分。主营业务收入和其他业务收入内容的划分是相对而言，而不是固定不变的。主营业务收入也称基本业务收入，是指企业从事主要营业活动所取得的收入，可以根据企业营业执照上注明的主营业务范围来确定。主营业务收入一般占企业收入的比重较大，对企业的经济效益产生较大的影响。建筑业企业的主营业务收入主要是建造（施工）合同收入。

其他业务收入也称附营业务收入，是指企业非经常性的、兼营的业务所产生的收入，如销售原材料、转让技术、代购代销、出租包装物等取得的收入等。建筑业企业的其他业务收入主要包括产品销售收入、材料销售收入、机械作业收入、无形资产出租收入、固定资产出租收入等。

（3）收入的确认

以下仅对建筑业企业的销售商品收入、提供劳务收入、让渡资产使用权收入的确认予以阐述。关于建造（施工）合同所取得工程价款收入的确认与计量，详见下一小节内容。

1）销售商品收入的确认

销售商品收入同时满足下列条件的，才能予以确认。

① 企业已将商品所有权上的主要风险和报酬转移给购货方；

② 企业既没有保留通常与所有权相联系的继续管理权，也没有对已售出的商品实施有效控制；

③ 收入的金额能够可靠地计量；

④ 相关的经济利益很可能流入企业；

⑤ 相关的已发生或将发生的成本能够可靠地计量。

2）提供劳务收入的确认

根据劳务交易结果是否能够可靠的估计，劳务收入应分别采用不同的方式予以确认。

① 企业在资产负债表日提供劳务交易的结果能够可靠估计的，应当采用完工百分比

法确认提供劳务收入。

根据《企业会计准则》，提供劳务交易的结果能够可靠估计，是指同时满足下列条件：

A. 收入的金额能够可靠地计量；

B. 相关的经济利益很可能流入企业；

C. 交易的完工进度能够可靠地确定；

D. 交易中已发生和将发生的成本能够可靠地计量。

② 企业在资产负债表日提供劳务交易结果不能够可靠估计的，应当分别下列情况处理：

A. 已经发生的劳务成本预计能够得到补偿的，按照已经发生的劳务成本金额确认提供劳务收入，并按相同金额结转劳务成本。

B. 已经发生的劳务成本预计不能够得到补偿的，应当将已经发生的劳务成本计入当期损益，不确认提供劳务收入。

C. 让渡资产使用权收入的确认。

让渡资产使用权收入包括利息收入、使用费收入等。让渡资产使用权收入同时满足下列条件的，才能予以确认：

a. 相关的经济利益很可能流入企业；

b. 收入的金额能够可靠地计量。

2. 工程合同收入的计算

（1）建造合同概述

根据《民法典》，建设工程合同是承包人进行工程建设，发包人支付价款的合同，其包括工程勘察、设计、施工合同。施工企业的工程合同主要是指建造合同。

根据《企业会计准则第15号——建造合同》，建造合同是指为建造一项或数项在设计、技术、功能、最终用途等方面密切相关的资产而订立的合同。准则中使用的建造合同既包含了建设工程合同所指的内容，也包括《民法典》中承揽合同的内容，如船舶、飞机的定制。由于本部分内容是从会计的角度介绍合同收入。因此，采纳《企业会计准则》中建造合同的概念，从施工单位的角度可将其理解为施工合同。

1）建造合同的特征

建造合同属于经济合同范畴，是一种特殊类型的经济合同，其主要特征表现在：

① 针对性强，先有买主（客户），后有标的（即资产），建造资产的工程范围、建设工期、工程质量和工程造价等内容在签订合同时已经确定。

② 建设周期长，资产的建造一般需要跨越一个会计年度，有的长达数年。

③ 建造的资产体积大，造价高。

④ 建造合同一般是不可撤销合同。

2）固定造价合同和成本加成合同

建造合同分为固定造价合同和成本加成合同。

① 固定造价合同

固定造价合同是指按照固定总合同价或固定单价确定工程价款的建造合同。对于固定总合同价而言，在工程实施过程中不论成本发生什么变化，工程决算按合同价格结算，不做调整。对于固定单价合同而言，在工程实施过程中，工程量可以调整，但合同单价不做调整。

② 成本加成合同

成本加成合同是指以合同约定或其他方式议定的成本为基础，加上该成本的一定比例或定额费用确定工程价款的建造合同。

③ 两者的区别

固定造价合同和成本加成合同的最大区别在于合同风险的承担者不同。固定造价合同的风险主要由承包方承担，因为在双方签订合同时价款已经确定，在建造过程中不论材料费、人工费、机械使用费价格上涨，还是出现工程变更情况，都与发包方无关，所以建造承包方要承担合同的所有风险；而成本加成合同的风险主要由发包方承担。因为发包人承担了所有的实际成本，如果在建造过程中料、工、费都上涨，那么涨价的部分由发包人承担，最后决算的价款是按实际成本加上一个百分比，而这个百分比是固定的。

（2）建造合同收入的内容

建造合同的收入包括两部分内容：合同规定的初始收入和合同变更、索赔、奖励等形成的收入。

1）合同规定的初始收入

合同规定的初始收入是指建造承包商与发包方在双方签订的合同中最初商定的合同总金额，它构成了合同收入的基本内容。

2）因合同变更、索赔、奖励等形成的收入

合同变更、索赔、奖励等形成的收入是在执行合同过程中由于合同变更、索赔、奖励等原因而形成的收入。建造承包商不能随意确认这部分收入，只有在符合一定条件时才构成合同总收入。

① 合同变更是指发包方改变合同规定的作业内容而提出的调整。合同变更应同时满足下列条件，才能构成合同收入：

A. 客户能够认可因变更而增加的收入；

B. 该收入能够可靠地计量。

② 索赔款是指因发包方或第三方的原因造成的、向发包方或第三方收取的、用以补偿不包括在合同造价中成本的款项。索赔款应同时满足下列条件，才能构成合同收入：

A. 根据谈判情况，预计对方能够同意该项索赔；

B. 对方同意接受的金额能够可靠地计量。

③ 奖励款是指工程达到或超过规定的标准，发包方同意支付的额外款项。奖励款应同时满足下列条件，才能构成合同收入：

A. 根据合同目前完成情况，足以判断工程进度和工程质量能够达到或超过规定的标准；

B. 奖励金额能够可靠地计量。

（3）建造合同收入的确认

建筑业企业应当及时、准确地进行合同收入和合同费用的确认与计量，以便分析和考核建造合同损益的实现情况。通常可以根据建造合同的结果能否可靠地估计，将合同收入的确认与计量分为以下两种类型处理。

1) 合同结果能够可靠估计时建造合同收入的确认

① 合同结果能够可靠估计的标准

建造合同分为固定造价合同和成本加成合同,不同类型的建造合同判断其能否可靠估计的条件也不相同。

A. 固定造价合同结果能否可靠估计的标准

判断固定造价合同的结果能够可靠估计,需同时具备以下条件:合同总收入能够可靠地计量;与合同相关的经济利益很可能流入企业;实际发生的合同成本能够清楚地区分和可靠地计量;合同完工进度和为完成合同尚需发生的成本能够可靠地确定。

B. 成本加成合同的结果能否可靠估计的标准

判断成本加成合同的结果能够可靠估计,需要同时具备以下条件:与合同相关的经济利益很可能流入企业;实际发生的合同成本能够清楚地区分和可靠地计量。

② 完工百分比法

如果建造合同能够可靠地估计,应在资产负债表日,根据完工百分比法确认当期的合同收入。

完工百分比法是指根据合同完工进度来确认合同收入的方法。完工百分比法的运用分两个步骤:

A. 确定建造合同的完工进度,计算出完工百分比;

B. 根据完工百分比确认和计量当期的合同收入。

2) 合同结果不能可靠地估计时建造合同收入的确认

当建筑业企业不能可靠地估计建造合同的结果时,就不能采用完工百分比法来确认和计量当期的合同收入,应区别以下两种情况进行处理。

① 合同成本能够回收的,合同收入根据能够收回的实际合同成本来确认,合同成本在其发生的当期确认为费用。

② 合同成本不能回收的,应在发生时立即确认为费用,不确认收入。

3. 利润的计算与分配

(1) 利润的计算

1) 利润的概念

利润是企业在一定会计期间的经营活动所获得的各项收入抵减各项支出后的净额以及直接计入当期利润的利得和损失等的总和。

其中,直接计入当期利润的利得和损失,是指应当计入当期损益、会导致所有者权益发生增减变动的、与所有者投入资本或者向所有者分配利润无关的利得或损失。利得和损失可分为两大类。一类是不计入当期损益,而直接计入所有者权益的利得和损失。如接受捐赠、变卖固定资产等,都可直接计入资本公积。另一类是应当直接计入当期损益的利得和损失。如投资收益、投资损失等。

2) 利润的计算

根据《企业会计准则》,利润的计算可以分为营业利润、利润总额、净利润三个层次。

① 营业利润

营业利润是企业利润的主要来源。营业利润按下列公式计算:

营业利润＝营业收入－营业成本(或营业费用)－营业税金及附加

－销售费用－管理费用－财务费用－资产减值损失

＋公允价值变动收益(损失为负)＋投资收益(损失为负)

公式中，营业收入是指企业经营业务所确认的收入总额，包括主营业务收入和其他业务收入。其中，主营业务收入是指企业为完成其经营目标而从事的经常性活动所并实现的收入，如建筑业企业工程结算收入、工业企业产品销售收入、商业企业商品销售收入等。其他业务收入是指企业为完成其经营目标从事的与经常性活动相关的活动所实现的收入，指企业除主营业务收入以外的其他销售或其他业务的收入，如建筑业企业对外出售不需用的材料的收入、出租投资性房地产的收入、劳务作业收入、多种经营收入和其他收入（技术转让利润、提前竣工投产利润分成收入等）。

营业成本是指企业经营业务所发生的实际成本总额，包括主营业务成本和其他业务成本。其中，主营业务成本是指企业经营主营业务发生的支出。其他业务成本是指企业除主营业务以外的其他销售或其他业务所发生的支出，包括销售材料、设备出租、出租投资性房地产等发生的相关成本、费用、相关税金及附加等。

营业税金及附加是指企业经营活动发生的营业税、消费税、城市维护建设税、资源税、教育费附加、投资性房地产相关的房产税和土地使用税等。

资产减值损失是指企业计提各项资产减值准备所形成的损失。

公允价值变动收益（或损失）是指企业交易性金融资产等公允价值变动形成的应计入当期损益的利得（或损失）。

投资收益（或损失）是指企业以各种方式对外投资所取得的投资收益减去投资损失后的净额，即投资净收益。投资收益包括对外投资享有的利润、股利、债券利息、投资到期收回或中途转让取得高于账面价值的差额，以及按照权益法核算的股权投资在被投资单位增加的净资产中所拥有的数额等。投资损失包括对外投资分担的亏损、投资到期收回或者中途转让取得款项低于账面价值的差额，以及按照权益法核算的股权投资在被投资单位减少的资产中分担的数额等。如投资净收益为负值，即为投资损失。

② 利润总额

企业的利润总额是指营业利润加上营业外收入、减去营业外支出后的金额。即：

利润总额＝营业利润＋营业外收入－营业外支出

式中，营业外收入（或支出）是指企业发生的与其生产经营活动没有直接关系的各项收入（或支出）。其中，营业外收入包括固定资产盘盈、处置固定资产净收益、处置无形资产净收益、罚款净收入等。营业外支出包括固定资产盘亏、处置固定资产净损失、处置无形资产净损失、债务重组损失、罚款支出、捐赠支出、非常损失等。

③ 净利润

企业当期利润总额减去所得税费用后的金额，即企业的税后利润，或净利润。

净利润＝利润总额－所得税费用

式中，所得税费用是指企业应计入当期损益的所得税费用。

（2）利润分配

利润分配是指企业按照国家的有关规定，对当年实现的净利润和以前年度未分配的利润所进行的分配。

1）税后利润的分配原则

公司税后利润的分配由于涉及股东、债权人、职工、社会等各个利益主体的切身利益，因此为维护社会秩序，充分发挥公司这一经济组织的优越性，平衡各方面的利益关系，各个国家的公司法均对其分配原则和分配顺序予以了严格规定。《公司法》规定的公司税后利润的分配原则可以概括为以下几个方面：

① 按法定顺序分配的原则。不同利益主体的利益要求，决定了公司税后利润的分配必须从全局出发，照顾各方利益关系。这既是公司税后利润分配的基本原则，也是公司税后利润分配的基本出发点。

② 非有盈余不得分配原则。这一原则强调的是公司向股东分配股利的前提条件。非有盈余不得分配原则的目的是维护公司的财产基础及其信用能力。股东大会或者董事会违反规定，在公司弥补亏损和提取法定公积金之前向股东分配利润的，股东必须将违反规定分配的利润退还公司。

③ 同股同权、同股同利原则。同股同权、同股权利不仅是公开发行股份时应遵循的原则，也是公司向股东分配股利应遵守的原则之一。

④ 公司持有的本公司股份不得分配利润。

2）税后利润的分配顺序

按照《公司法》，公司税后利润的分配顺序为：

① 弥补公司以前年度亏损。公司的法定公积金不足以弥补以前年度亏损的，在依照规定提取法定公积金之前，应当先用当年利润弥补亏损。

② 提取法定公积金。《公司法》规定的公积金有两种：法定公积金和任意公积金。

法定公积金，又称强制公积金，是公司法规定必须从税后利润中提取的公积金。对于法定公积金，公司既不得以其章程或股东会决议予以取消，也不得削减其法定比例。根据《公司法》第166条规定：公司分配当年税后利润时，应当提取利润的百分之十列入公司法定公积金。公司法定公积金累计额为公司注册资本的百分之五十以上的，可以不再提取。

法定公积金有专门的用途，一般包括以下三个方面的用途：

A. 弥补亏损。公司出现亏损直接影响到公司资本的充实、公司的稳定发展以及公司股东、债权人权益的有效保障，因此，我国有关立法历来强调"亏损必弥补"。

B. 扩大公司生产经营。公司要扩大生产经营规模，必须增加投资。在不可能增加注册资本的情况下，可用公积金追加投资。

C. 增加公司注册资本。用公积金增加公司注册资本，既壮大了公司的实力，又无须股东个人追加投资，于公司、于股东都有利。但如果将法定公积金全部转为资本，则有违公积金弥补亏损的效用，因此有必要限制其数额。《公司法》第168条第2款规定：法定公积金转为资本时，所留存的该项公积金不得少于转增前公司注册资本的百分之二十五。

③ 经股东会或者股东大会决议提取任意公积金。任意公积金是公司在法定公积金之外，经股东会或者股东大会决议而从税后利润中提取的公积金。任意公积金由于并非法律强制规定要求提取的，因此对其提取比例、用途等公司法均未做出规定，而是交由章程或者股东会决议做出明确规定。

④ 向投资者分配的利润或股利。公司弥补亏损和提取公积金后所余税后利润，有限

责任公司依照《公司法》第 35 条的规定分配；股份有限公司按照股东持有的股份比例分配，但股份有限公司章程规定不按持股比例分配的除外。

⑤ 未分配利润

可供投资者分配的利润，经过上述分配后，所余部分为未分配利润（或未弥补亏损）。未分配利润可留待以后年度进行分配。企业如发生亏损，可以按规定由以后年度利润进行弥补。企业未分配的利润（或未弥补的亏损）应当在资产负债表的所有者权益项目中单独反映。

十一、劳务分包合同的相关知识

（一）合同的基本知识

1. 签订合同的基本原则

合同的基本原则是签订和执行合同的总的指导思想，是合同的灵魂。根据《民法典合同编》的规定，签订合同的基本原则有以下几个方面：平等自愿原则，公平和诚实信用原则，遵守法律、不得损害社会公共利益原则，情事变更原则。

（1）平等、自愿原则

合同法的平等原则指的是当事人的民事法律地位平等，一方不得将自己的意志强加给另一方。平等原则是民事法律的基本原则，是区别行政法律、刑事法律的重要特征，也是《民法典合同编》其他原则赖以存在的基础。《民法典合同编》的自愿原则，既表现在当事人之间，因一方欺诈、胁迫订立的合同无效或者可以撤销，也表现在合同当事人与其他人之间，任何单位和个人不得非法干预。自愿原则是法律赋予的，同时也受到其他法律规定的限制，是在法律规定范围内的"自愿"。法律的限制主要有两方面。一是实体法的规定，有的法律规定某些物品不得买卖，比如毒品；《民法典合同编》明确规定损害社会公共利益的合同无效，对此当事人不能"自愿"认为有效；国家根据需要下达指令性任务或者国家订货任务的，有关法人、其他组织之间应当依照有关法律、行政法规规定的权利和义务订立合同，不能"自愿"不订立。这里讲的实体法，都是法律的强制性规定，涉及社会公共秩序。法律限制的另一方面是程序法的规定。有的法律规定当事人订立某类合同，需经批准；转移某类财产，主要是不动产，应当办理登记手续。那么，当事人依照有关法律规定，应当办理批准、登记等手续，不能"自愿"地不去办理。

强调和宣传平等、自愿原则，在中国计划经济体制向市场经济体制转轨时期意义重大。我国的行政管理人员以及审判人员，管理的意识比较强，服务和保护的意识较为淡薄，有的把不合理的干预当作保护。实际生活中有的行政机关和行政机关工作人员，特别是县、乡两级，运用行政权力干预合同当事人的合法权益；有的审判人员滥用自由裁量权，以判决、裁定的形式代替当事人的合同权利；有的当事人利用经济优势，强迫另一方接受不合理、不公平的条款。采用格式条款订立的合同，在适应合同社会化的同时，也在某种程度上剥夺了相对方平等、自愿地协商合同条款的权利。

在《民法典》中，不仅对平等、自愿作了原则规定，而且在具体制度、具体规定方面体现平等、自愿原则。第一，《民法典》总则第一章中规定，民事主体在民事活动中的法律地位一律平等。民事主体从事民事活动，应当遵循自愿原则，按照自己的意思设立、变更、终止民事法律关系。第二，关于合同内容。《民法典》第 470 条第 1 款规定，合同的内容由当事人约定。第三，关于合同的形式。《民法典》第 469 条第 1 款规定，当事人订立合同，可以采用书面形式、口头形式或者其他形式。《民法典》第490条规定：当事人采用合同书形式订立合同的，自当事人均签名、盖章或者按指印时合同成立。在签名、盖章或者按指印之前，当事人一方已经履行主要义务，对方接受时，该合同成立。法律、行政法规规定或者当事人约定合同应当采用书面形式订立，当事人未采用书面形式但是一方已经履行主要义务，对方接受时，该合同成立。第四，关于格式合同。一是明确了提供格式条款一方的提示义务，《民法典》第496条第2款规定：采用格式条款订立合同的，提供格式条款的一方应当遵循公平原则确定当事人之间的权利和义务，并采取合理的方式提示对方注意免除或者减轻其责任等与对方有重大利害关系的条款，按照对方的要求，对该条款予以说明。提供格式条款的一方未履行提示或者说明义务，致使对方没有注意或者理解与其有重大利害关系的条款的，对方可以主张该条款不成为合同的内容。二是明确规定有些格式条款无效。《民法典》第497条规定：具有本法第一编第六章第三节民事法律行为无效情形和本法第506条规定的免责条款无效情形的，或提供格式条款一方不合理地免除或者减轻其责任、加重对方责任、限制对方主要权利的、提供格式条款一方排除对方主要权利的，该格式条款无效。三是对格式条款的解释作出特别规定。《民法典》第498条规定：对格式条款的理解发生争议的，应当按照通常理解予以解释。对格式条款有两种以上解释的，应当作出不利于提供格式条款一方的解释。格式条款和非格式条款不一致的，应当采用非格式条款。

（2）公平、诚实信用原则

《民法典》第6条规定：民事主体从事民事活动，应当遵循公平原则，合理确定各方的权利和义务。第7条规定：民事主体从事民事活动，应当遵循诚信原则，秉持诚实，恪守承诺。这里讲的公平，既表现在订立合同时的公平，显失公平的合同可以撤销；也表现在发生合同纠纷时公平处理，既要切实保护守约方的合法利益，也不能使违约方因较小的过失承担过重的责任；还表现在极个别的情况下，因客观情势发生异常变化，履行合同使当事人之间的利益重大失衡，公平地调整当事人之间的利益。诚实信用，主要包括三层含义：一是诚实，要表里如一，因欺诈订立的合同无效或者可以撤销。二是守信，要言行一致，不能反复无常，也不能口惠而实不至。三是从当事人协商合同条款时起，就处于特殊的合作关系中，当事人应当恪守商业道德，履行相互协助、通知、保密等义务。

公平地确定各方的权利和义务，就有价值相等的意思。在合同法中还是用公平原则代替等价有偿原则为好。等价有偿作为商品交换的规律，并不表现在每次商品交换中，每一次商品交换的不是商品价值，而是商品价格。只有在长时期的商品交换中，在价格围绕着价值的上下波动之中，才表现出等价有偿的规律。公平原则既表现在整个社会的交易秩序方面，更表现在个别的具体的合同之中，任何一个合同都应当遵循公平原则，体现公平原则的精神。由于合同种类广泛性，有的合同属于无偿合同，用公平原则比等价有偿涵盖更宽一些，更能照顾千姿百态的各类合同的需要。

随着社会的发展，公平诚实信用原则在合同法的适用面越来越宽。有人认为，按照恪守商业道德的要求，诚实信用原则包含公平的意思。除合同履行时应当遵循诚实信用原则以外，合同法规定诚实信用还适用于订立合同阶段，即前契约阶段，也适用合同终止后的特定情况，即后契约阶段。《民法典》第500条规定，当事人在订立合同过程中有下列情形之一，造成对方损失的，应当承担赔偿责任：①假借订立合同，恶意进行磋商；②故意隐瞒与订立合同有关的重要事实或者提供虚假情况；③有其他违背诚信原则的行为。《民法典》第 501 条规定：当事人在订立合同过程中知悉的商业秘密或者其他应当保密的信息，无论合同是否成立，不得泄露或者不正当地使用；泄露、不正当地使用该商业秘密或者信息，造成对方损失的，应当承担赔偿责任。这两条规定的是缔约过失责任，承担缔约过失责任的基本依据是违背诚实信用原则。《民法典》第 558 条规定：债权债务终止后，当事人应当遵循诚信等原则，根据交易习惯履行通知、协助、保密、旧物回收等义务。该条讲的是后契约义务，履行后契约义务的基本依据也是诚实信用原则。

（3）遵守法律、不得损害社会公共利益原则

《民法典》第 8 条规定：民事主体从事民事活动，不得违反法律，不得违背公序良俗。该条规定，集中表明两层含义，一是遵守法律（包括行政法规），二是不得损害社会公共利益。遵守法律，主要指的是遵守法律的强制性规定。法律的强制性规定，基本上涉及的是社会公共利益，一般都纳入行政法律关系或者刑事法律关系。法律的强制性规定，是国家通过强制手段来保障实施的那些规定，譬如纳税、工商登记，不得破坏竞争秩序等规定法律的任意性规定，是当事人可以选择适用或者排除适用的规定，基本上涉及的是当事人的个人利益或者团体利益。当然，法律的任意性规定，不是永远不能适用。依照合同法的规定，对合同的某个问题，当事人有争议，或者发生合同纠纷后，当事人没有约定或者达不成补充协议，又没有交易习惯等可以解决时，最后的武器就是法律的任意性规定。合同法的规定，除有关合同效力的规定以及《民法典》第 494 条有关指令性任务或者国家订货任务等规定外，绝大多数都是任意性规定。不得损害社会公共利益，相当于国外的不得违反公共政策或者不得损害公序良俗的规定。随着民事法律的不断完备，不少过去属于不得损害社会公共利益的内容，现在已经有法律规定，成为遵守法律的内容。但法律与社会存在相比，毕竟是第二性的，法律很难对社会上的形形色色事无巨细地都作出规定。遇到在法律上没有规定，又涉及损害社会公共利益的事情怎么办，最后的法律武器就是不得损害社会公共利益。根据这一原则，才可以做到法网恢恢，疏而不漏。

（4）情事变更原则

情势变更指的是合同依法成立后，发生了不可预见，且不可归责于双方当事人的事情，动摇了合同订立的基础。在此情况下，应允许合同双方变更或者解除合同。

根据《民法典》第 533 条规定：合同成立后，合同的基础条件发生了当事人在订立合同时无法预见的、不属于商业风险的重大变化，继续履行合同对于当事人一方明显不公平的，受不利影响的当事人可以与对方重新协商；在合理期限内协商不成的，当事人可以请求人民法院或者仲裁机构变更或者解除合同。人民法院或者仲裁机构应当结合案件的实际情况，根据公平原则变更或者解除合同。

2. 合同的定义和效力

（1）合同的定义

《民法典》第 464 条第 1 款规定：合同是民事主体之间设立、变更、终止民事法律关系的协议。

在《民法》中，合同是指平等主体之间设立变更、终止民事权利义务的协议。合同具有以下法律性质：①合同是一种民事法律行为，合同是以意思表示为要素，并且按意思表

示的内容赋予法律效果，故为法律行为而非事实行为；②合同是两方当事人的意思表示一致的法律行为。合同的成立必须有两方以上的当事人，他们相互为意思表示，并且意思表示一致。这是合同区别于单方法律行为的重要标志；③合同是以设立、变更、终止民事权利义务为目的的法律行为；④合同是双方当事人各自在平等、自愿的基础上产生的法律行为。在民法上，当事人各方订立合同时的法律地位是平等的，所为意思表示是自主自愿的。当然。在现代合同中，为实践合同正义，自愿或自由时常受到限制，如强制缔约、格式合同、劳动合同的社会化等。

（2）合同的效力

1）有效合同

合同生效的条件是指合同能够产生法律约束力受法律所保障所必须具备的条件。合同生效的一般要件有以下几点：

① 当事人具有相应的民事行为能力

A. 自然人的缔约能力。所谓民事行为能力是指一个自然人能以自己的行为来享有权利和承担义务的这么一种地位或资格。一般情况下，10 周岁以下为无民事行为能力人，18 周岁以上为完全民事行为能力人，10 周岁以上 18 周岁以下为限制行为能力人。特殊之"点"就是所谓"劳动成年制"。"劳动成年制"，它是指已满 16 周岁，不满 18 周岁，能够以自己的劳动收入作为其主要生活来源的，即被视为完全民事行为能力人。按照精神状况，分为不能完全辨认自己行为性质的精神病人和完全不能辨认自己行为性质的精神病人，分别为限制民事行为能力人和无民事行为能力人。无民事行为能力的自然人一般不能自己订立合同；限制民事行为能力的自然人只能订立与其年龄、智力相适应的合同；

B. 法人和其他组织的缔约能力。依法成立的法人和其他组织具有民事行为能力，但它们的行为能力又受其自身形态、职责、业务或者经营范围的限制。法人应在核准登记的生产经营范围内活动。未领取营业执照的其他组织，不得以自己的名义缔结合同，只能以法人名义；领取了营业执照的其他组织，可对外缔结合同。

② 意思表示真实

所谓意思表示真实，是指表意人的表示行为应当真实地反映其内心的效果意思。意思表示真实是合同生效的重要要件。因为合同在本质上乃是当事人之间的一种合意，此种合意符合法律规定，依法律可以产生法律约束力；而当事人的意思表示能否产生此种约束力，则取决于此种意思表示是否同行为人的真实意思相符合。

③ 不违反法律和社会公共利益

民法理论上所称的合同不违反法律，不损害国家和社会公共利益，既指合同的目的，又指合同的内容。合同的目的，指当事人缔结合同的直接内心原因；合同的内容，指合同中的权利义务及其指向的对象。合同内容违法，有的体现为标的违法，有的体现为标的物违法。

2）效力待定合同

效力待定合同又称为可追认的合同，是指合同订立后尚未生效，须权利人追认才能生效的合同。效力待定的原因在于欠缺能力或欠缺权利。

① 无行为能力人所订立的合同

163

无民事行为能力人只能由其法定代理人代理订立合同，不能独立订立合同，否则，在法律上是无效的。当然，无民事行为能力人也可以订立某些与其年龄相适应的细小的日常生活方面的合同，一般来说，由无民事行为能力人所订立的非属于细小的日常生活方面的合同，必须经过其法定代理人事先允许或事后承认才能生效。无行为能力人订立纯获法律上的利益的合同，无需其法定代理人追认便可以生效。

② 限制民事行为能力人订立的与其年龄、智力、精神状况不相适应的合同

《民法典》第 19 条规定："八周岁以上的未成年人为限制民事行为能力人，实施民事法律行为由其法定代理人代理或者经其法定代理人同意、追认；但是，可以独立实施纯获利益的民事法律行为或者与其年龄、智力相适应的民事法律行为。"第 22 条规定："不能完全辨认自己行为的成年人为限制民事行为能力人，实施民事法律行为由其法定代理人代理或者经其法定代理人同意、追认；但是，可以独立实施纯获利益的民事法律行为或者与其智力、精神健康状况相适应的民事法律行为。"对需要追认的合同，相对人（与限制民事行为能力人缔结合同的人）享有催告权，可以催告限制民事行为能力人的法定代理人在 1 个月内予以追认。相对人行使撤销权有三个条件：第一，撤销的意思表示在法定代理人追认前作出。第二，只有善意的相对人才可以作出撤销合同的行为。所谓"善意"，是指相对人在订立合同时不知道，也没有义务知道与其订立合同的人欠缺相应的民事行为能力。第三，撤销应当以通知的方式作出。对需要追认的合同，法定代理人有追认权。追认应以明示方式作出。未作表示的，视为拒绝追认。法定代理人追认，则合同有效，没有追认，则合同无效。

③ 无权代理订立的合同

无权代理是指无代理权的人代理他人与相对人订立的合同。行为人没有代理权、超越代理权或者代理权终止后以被代理人名义订立的合同未经被代理人追认，对被代理人不发生效力，由行为人承担责任。相对人可以催告被代理人在 1 个月内予以追认。被代理人未作表示的，视为拒绝追认。合同被追认之前，善意相对人有撤销的权利。此处所谓"善意"，是指相对人在与无权代理人订立合同时，不知道同时也没有义务知道无权代理人无代理权。撤销应当以通知的方式作出。

④ 无处分权人处分他人财产订立的合同

《民法典》第 171 条规定："行为人没有代理权、超越代理权或者代理权终止后，仍然实施代理行为，未经被代理人追认的，对被代理人不发生效力。相对人可以催告被代理人自收到通知之日起三十日内予以追认。被代理人未作表示的，视为拒绝追认。行为人实施的行为被追认前，善意相对人有撤销的权利。撤销应当以通知的方式作出。行为人实施的行为未被追认的，善意相对人有权请求行为人履行债务或者就其受到的损害请求行为人赔偿。但是，赔偿的范围不得超过被代理人追认时相对人所能获得的利益。"追认可以向处分人表示，也可以直接向处分人的相对人表示。无处分权人与相对人订立的合同，如果未获追认或者无处分权人在订立合同后也未获得处分权，那么该合同不发生法律效力，除非相对人能依动产善意取得制度获得对标的物的所有权。

⑤ 自己代理和双方代理订立的合同

A. 自己代理订立的合同。代理人以被代理人名义与自己订立合同，这种情况可称之为"自己代理"，代理人与被代理人是合同的双方当事人，合同的内容实际上是由代理人

一人决定。这种只表现一人意志的合同，在法律上不能构成双方当事人的协议。这种合同如果经被代理人追认，视为表现了双方的意志，仍可有效，因此是一种可追认的合同。

B. 双方代理订立的合同。代理人以被代理人的名义同自己代理的其他人订立合同，这种情况可称之为"双方代理"。双方代理实际上也是由一人决定合同的内容，不能反映当事人双方协商一致的真实意思表示。这种合同如果被双方被代理人许可或追认，视为表现了双方被代理人的意志，合同可以有效。这也是一种可追认的合同。

3）可撤销合同

可撤销的合同，是指虽经当事人协商成立，但由于当事人的意思表示并非真意，经向法院或仲裁机关请求可以消灭其效力的合同。合同可撤销事由有如下几点：

① 重大误解

A. 定义

所谓重大误解，是指一方因自己的过错而对合同的内容等发生误解，订立了合同。误解直接影响到当事人所应享有的权利和承担的义务。误解既可以是单方面的误解（如出卖人误将某一标的物当作另一标的物），也可以是双方的误解（如买卖双方误将本为复制品的油画当成真品买卖）。误解须符合一定条件才能构成并产生使合同变更或撤销的法律后果。

B. 构成重大误解的条件

第一，受害人因误解而作出了意思表示。正是由于当事人的错误，才导致了订立合同或者基于当事人的错误，设计了合同条件。如果合同并不是因重大误解而成立，或者合同条件不是因重大误解而设定，则不能按重大误解的规则处理合同。

第二，误解必须是受害人自己的过错，不是因为对方的欺骗或不正当影响。比如，收拾爷爷遗物时，发现一瓷器，标明明朝，一文物商以8万元价格买下，结果是赝品。

第三，误解应当是重大的。当事人对重要的合同事项产生了错误认识，同时误解对当事人造成重大不利后果。这才属于"重大"。甲乙双方订立运输合同，乙方为甲方运送西瓜，甲方误以为乙方用加长卡车运输，而乙方是想用普通卡车运输。这就属于无关紧要的误解，不影响合同的效力。

第四，当事人不愿承担对误解的风险。当事人自愿承担了误解的风险，当然不能按照重大误解的规则进行救济。比如，甲方向乙方出售古钱币，如果是真的，价值10万元；如果是赝品，价值1元。双方都明知这一点，遂以5万元的价格成交。甲乙双方都承担了误解的风险。如果是赝品，买方不得要求变更（退回49999元）或撤销合同（退钱、退货）；如果是真品，卖方不得要求变更（增加5万元）或撤销合同（退钱、退货）。

第五，行为人的过错是对事实的错误而非对法律的错误，也不是对动机的误解。比如，听说炒股能赚钱，将5万元用于炒股，结果血本无归，不属于重大误解。

② 显失公平

A. 显失公平的概念

显失公平，是指自始（合同订立时）显失公平，是一方当事人利用优势或者利用对方没有经验，致使双方的权利义务明显不对等（对价不充分）。这种合同违反了公平原则的要求。

B. 构成显失公平的条件

第一，客观要件。双务合同的双方的权利义务明显不对等，一方得到的太多，付出的太少。这种情况也称为对价不充分。

第二，主观要件。利用优势，所谓利用优势是指一方利用经济上的地位，而使对方难以拒绝对其明显不利的合同条件；未履行订约过程所应尽的告知等义务；利用对方没有经验或轻率，所谓无经验，是指欠缺一般的生活经验或交易经验。

③ 欺诈

A. 欺诈的概念

欺诈，是指一方在订立合同时，故意制造假象或者掩盖真相，致使对方陷入错误而订立合同。欺诈有刑法上的效果和民法上的效果。刑事欺诈，除侵害相对人的利益之外，应当认为同时损害了国家利益，合同应为无效。

B. 因欺诈而订立的合同的条件

第一，欺诈一方在主观上是故意。欺诈，是以引导对方当事人订立合同为目的，不存在过失的欺诈。

第二，欺诈行为的客观表现是对订立合同的有关事实的虚假介绍或隐瞒。比如甲方欲购买一幅古画，乙方将赝品说成是真迹，如果仅仅是要高价，而没有假动作，则不能构成欺诈。

第三，欺诈是一方当事人对另一方当事人的欺诈，第三人的欺诈不足以构成导致合同撤销的欺诈。当事人一方利用了第三人的欺诈，则合同属于可撤销的合同。

第四，被欺诈一方因对方的欺诈陷入错误，因错误而订立合同。也就是说，欺诈实际对订立合同起了作用，欺诈行为与合同成立需有因果关系。

④ 胁迫

A. 胁迫的概念

胁迫，是指一方采用违法手段，威胁对方与自己订立合同，被胁迫一方因恐惧而订立合同。被胁迫一方也有意思表示，如果采用暴力手段，拿着别人的手指盖章或签字，这种情况称为"绝对强制"或"人身强制"，当事人之间根本不存在合同，不能按可撤销合同处理。"绝对强制"和"人身强制"应当认定合同不成立或者按无效处理。

B. 因胁迫成立的合同的条件

第一，胁迫一方出于故意。

第二，胁迫一方的威胁属于违法的威胁。如以揭露隐私等进行要挟。如果以提起诉讼，要求对方履行债务为威胁，就不能认为是违法的威胁。手段合法、目的合法的威胁，是合法的威胁。

第三，被胁迫一方因陷入恐惧而订立合同。胁迫与合同的成立有因果关系。当事人因地方政府指令签订保证合同的，是一种不正当影响，尽管违背了保证人的意志，但认定为胁迫法理依据尚不足，因此，不能因此确认保证合同无效。

⑤ 乘人之危订立的合同

A. 乘人之危的概念

乘人之危订立合同，是指一方当事人乘对方处于危难之机，为谋取不正当利益，迫使对方违背自己的真实意愿与己订立合同。

B. 乘人之危的条件

第一，一方当事人陷于危难处境。如处于自然灾害的严重危困之中或濒临破产的境地，迫切需要救助。"危难"除了指经济上窘迫或具有某种迫切需要以外，也包括个人及其家人生命危险、健康恶化等危难。

第二，行为人利用了对方当事人的危难困境，趁火打劫，提出苛刻条件，对方出于无奈而违背真实意愿与之订立合同。

第三，乘人之危行为人主观状态为故意。行为人不了解对方危难处境而与之订立合同，客观上一方当事人的危难处境促使了合同成立，对这类合同不能认定为乘人之危订立的合同。比如，李某家中有病人，急需金钱，主动提出以低价将房屋卖给王某，由于是李某提出的要约，该合同不能以乘人之危为由予以变更或者撤销。

第四，乘人之危订立合同，一般是为了取得过分的利益。这种利益称之为"不正当利益"。这种不正当利益是在严重损害对方利益基础上产生的，所以这一条件也可表述为被乘危难人蒙受重大损失。虽然获取过分利益为乘人之危行为人订立合同的目的，但认定乘人之危的合同时，并不以已经获取过分利益为条件。

4）无效合同

无效合同是指虽经当事人协商成立，但因不符合法律要求而不予承认和保护的合同。无效合同自始无效，在法律上不能产生当事人预期追求的效果。合同部分无效，不影响其他部分效力的，其他部分仍然有效。

导致合同无效的原因有：

① 一方以欺诈、胁迫的手段订立合同，损害国家利益

一方以欺诈、胁迫的手段订立合同，如果只是损害对方当事人的利益，则属于可撤销的合同。一方以欺诈、胁迫手段订立合同，损害了国家利益的，则为无效合同。国有企业的利益，不能等同于国家利益。一份合同，同时存在无效事由和撤销事由的时候，合同只能确认无效，而不能按照可撤销处理，否则就会放纵当事人的违法行为。

② 恶意串通，损害国家、集体或者第三人利益

恶意串通是指合同当事人或代理人在订立合同过程中，为谋取不法利益与对方当事人、代理人合谋实施的违法行为。比如，卖方的代理人甲某为了获取回扣，将卖方的标的物价格压低，买方和代理人甲某都得到了好处，而被代理人卖方却受到了损失。恶意串通成立的合同，行为人出于故意，而且合谋的行为人是共同的故意。行为人的故意，不一定都是当事人的故意，比如代理人与对方代理人串通，订立危害一方或双方被代理人的合同，就不是合同当事人的故意。行为人恶意串通是为了谋取非法利益，如在招标投标过程中，投标人之间恶意串通，以抬高或压低标价，或者投标人与招标人恶意串通以排挤其他投标人等。

③ 以合法形式掩盖非法目的

当事人订立的合同在形式上、表面上是合法的，但缔约目的是非法的，称为以合法的形式掩盖非法目的的合同。

④ 损害社会公共利益

当事人订立的为追求自己利益，其履行或履行结果危害社会公共利益的合同或者为了损害社会公共利益订立合同都是损害社会利益的合同。比如，实施结果污染环境的合同，从事犯罪或者帮助犯罪的合同，为了"包二奶"而订立的赠与合同，损害公序良俗（公共

秩序和善良风俗）的合同等，是损害社会公共利益的合同。损害社会利益的合同，当事人主观上可能是故意，也可能是过失。

⑤ 违反法律、行政法规的强制性规定

强制性规定，又称为强行性规范，是任意性规范的对称。对强行性规范，当事人必须遵守，如果违反则导致合同无效；对任意性规范，当事人可以合意排除适用。全国人大和全国人大常委会颁布的法律中的强制性规范、国务院颁布的行政法规中的强制性规范，是确认合同效力的依据，不能以地方法规和规章作为否定合同效力的依据。

5）合同无效或被撤销的法律后果

① 返还财产。合同被确认无效后，因该合同取得的财产，应当予以返还。返还财产，是依据所有权返还，还是依据不当得利返还，目前还存在着争议。因《民法典》不承认无效合同的履行效力，因此，返还在原则上是根据所有权要求返还。

② 折价补偿。不能返还或者没有必要返还的，应当折价补偿。折价补偿，不能使当事人从无效合同中获得利益，否则就违背了无效合同制度的初衷。为实现这一目标，可以同时适用追缴或罚款的措施。

③ 赔偿损失。赔偿损失以过错为条件。有过错的应当赔偿对方因此所受到的损失，双方都有过错的，应当各自承担相应的责任。

④ 收归国库所有、返还集体、第三人。当事人恶意串通，损害国家、集体利益或者第三人利益的，因此取得的财产收归国家所有或者返还给集体、第三人。收归国家所有又称为追缴。追缴的财产包括已经取得的财产和约定取得的财产。如果不追缴约定取得的财产，当事人仍会因无效合同获得非法利益。

3. 合同的形式、示范文本的种类

（1）合同的形式

合同的形式，又称合同的方式，是当事人合意的表现形式，是合同内容的外部表现，是合同内容的载体。我国现行法对合同形式的规定主要体现在《民法典》第469条规定中，当事人订立合同，有书面形式、口头形式和其他形式。法律、行政法规规定应采用书面形式，应当采用书面形式。

1）口头形式

口头形式是指双方当事人只用语言为意思表示订立合同，而不用文字表达协议内容的合同形式。

口头形式简便易行，在日常生活中经常被采用。集市上的现货交易、商店里的零售等一般都采用口头形式。

合同采取口头形式，不需当事人特别指明。凡当事人无约定、法律未规定采用特定形式的合同，均可以采用口头形式。当发生争议时，当事人必须举证证明合同的存在及合同关系的内容。

口头形式的特点是发生合同纠纷时难以取证、不易分清责任。所以不能即时清结的合同和数额较大的合同，不宜采用这种形式。

2）书面形式

书面形式，是指以文字或数据电文等表现当事人所订合同的形式。《民法典》第469

条规定：合同书以及任何记载当事人的要约、承诺和权利义务内容的文件，都是合同的书面形式的具体表现。书面形式是合同书、信件、电报、电传、传真等可以有形地表现所载内容的形式。以电子数据交换、电子邮件等方式能够有形地表现所载内容，并可以随时调取查用的数据电文，视为书面形式。

合同书指载有合同内容的文书。合同书必须由文字凭证组成，但并非一切文字凭证都是合同书的组成部分。成为合同书的文字凭证须符合以下要求：有某种文字凭证，当事人及其代理人在文字凭据上签字或盖章，文字凭证上载有合同权利义务。

合同的书面形式也可以表现为信件，如不可撤销的保函、单方允诺的函件等。

按照我国的《电子签名法》的规定，能够有形地表现所载内容，并可以随时调取查用的数据电文，视为法律规定的书面形式。符合下列条件的数据电文视为满足法律、法规规定的原件形式要求：①能够有效地表现所载内容并可供随时调取查用；②能够可靠地保证自最终形成时起，内容保持完整、未被更改。但是，在数据电文上增加背书以及数据交换、储存和显示过程中发生的形式变化不影响数据电文的完整性。符合下列条件的数据电文，视为满足法律、法规规定的文件保存要求：①能够有效地表现所载内容并可供随时调取查用；②数据电文的格式与其生成、发送或者接收时的格式相同，或者格式不相同但是能够准确表现原来生成、发送或者接收的内容；③能够识别数据电文的发件人、收件人以及发送、接收的时间。

书面形式的最大优点是合同有据可查，发生纠纷时容易举证，便于分清责任。因此，对于关系复杂的合同、重要的合同，最好采用书面形式。我国法律也是如此规定的。合同法规定，法律、行政法规规定应当采用书面形式的，应当采用书面形式；当事人约定采用书面形式的，应当采用书面形式。行政法规规定或者当事人约定采用书面形式订立合同，当事人未采用书面形式但一方已经履行主要义务，对方接受的，该合同成立。采用合同书形式订立合同，在签字或者盖章之前，当事人一方已经履行主要义务，对方接受的，该合同成立。

3）推定的形式

当事人未用语言、文字表达其意思表示，仅用行为甚至沉默向对方发出要约，对方当事人接受该要约，做出一定的或者指定的行为做出承诺，合同成立。例如某商店自动售货机，顾客将规定的货币投入机器内，买卖合同即成立。

（2）合同类型

第一，单务合同和双务合同。

单务合同，是指合同当事人仅有一方承担义务。

双务合同，是指合同的双方当事人互负对待给付义务的合同关系。

第二，有偿合同和无偿合同。

有偿合同，是指一方通过履行合同规定的义务而给付对方某种利益，对方要得到该利益必须为此支付相应代价的合同。

无偿合同，是指一方给付某种利益，对方取得该利益时并不支付任何报酬的合同。

第三，有名合同和无名合同。

有名合同，又称典型合同，是指法律上已经确定了一定的名称及规则的合同。

无名合同，又称非典型合同，是指法律上并未确定一定的名称及规则的合同。

169

第四，要式合同和不要式合同。

要式合同，是指法律规定或当事人约定必须采取特殊形式订立的合同。

不要式合同，是指依法无需采取特定形式订立的合同。

第五，主合同和从合同。

主合同，是指不依赖其他合同而能独立存在的合同。

从合同，又称为附属合同，是指以其他合同的存在为存在前提的合同。

第六，实践合同和诺成合同。

实践合同，是指除当事人双方意思表示一致以外尚须交付标的物才能成立的合同。在这种合同中，除双方当事人的意思表示一致之外，还必须有一方实际交付标的物的行为，才能产生法律效果。实践合同则必须有法律特别规定，比如定金合同，保管合同等。

诺成合同，是指当事人一方的意思表示一旦经对方同意即能产生法律效果的合同，即"一诺即成"的合同。特点在于当事人双方意思表示一致，合同即告成立。

第七，单价合同和总价合同。

单价合同是承包人在投标时，按招标投标文件就分部分项工程所列出的工程量表确定各分部分项工程费用的合同类型。这类合同的适用范围比较宽，其风险可以得到合理的分摊，并且能鼓励承包商通过提高工效等手段节约成本，提高利润。这类合同能够成立的关键在于双方对单价和工程量技术方法的确认。在合同履行中需要注意的问题则是双方对实际工程量计量的确认。

发承包双方约定以工程量清单及综合单价进行合同价款计算、调整和确认的建设工程施工合同。

单价合同也可以分为固定单价合同和可调单价合同。

1）固定单位合同。这也是经常采用的合同形式，特别是在设计或其他建设条件（如地质条件）还不太落实的情况下（计算条件应明确），而以后又需增加工程内容或工程量时，可以按单价适当追加合同内容。在每月（或每阶段）工程结算时，根据实际完成的工程量结算，在工程全部完成时以竣工图的工程量最终结算工程总价款。

2）可调单价合同。合同单价可调，一般是在工程招标文件中规定。在合同中签订的单价，根据合同约定的条款，如在工程实施过程中物价发生变化等，可作调整。有的工程在招标或签约时，因某些不确定因素而在合同中暂定某些分部分项工程的单价，在工程结算时，再根据实际情况和合同约定合同单价进行调整，确定实际结算单价。

3）可以将工程设计和施工同时发包，承包商在没有施工图纸的情况下报价，显然这种报价要求报价方有较高的水平、经验。

单价合同的特点是单价优先。即初步的合同总价与各项单价乘以实际完成工程量之和发生矛盾时，则以后者为准，即单价优先。

总价合同是指根据合同规定的工程施工内容和有关条件，业主应付给承包商的款额是一个规定的金额，即明确的总价。总价合同也称作总价包干合同，即根据施工招标时的要求和条件，当施工内容和有关条件不发生变化时，业主付给承包商的价款总额就不发生变化。

总价合同又分固定总价合同（FFP）和变动总价合同两种。变动总价合同又可分为"总价加激励费用合同（FPIF）"和"总价加经济价格调整合同（FP-EPA）"

固定总价合同适用于以下情况：

工程量小、工期短、估计在施工过程中环境因素变化小，工程条件稳定并合理；工程设计详细，图纸完整、清楚，工程任务和范围明确；工程结构和技术简单，风险小；投标期相对宽裕，承包商可以有充足的时间详细考察现场、复核工程量，分析招标文件，拟定施工计划。

变动总价合同又称为可调总价合同，合同价格是以图纸及规定、规范为基础，按照时价（Current Price）进行计算，得到包括全部工程任务和内容的暂定合同价格。它是一种相对固定的价格，在合同执行过程中，由于通货膨胀等原因而使所使用的工、料成本增加时，可以按照合同约定对合同总价进行相应的调整。当然，一般由于设计变更、工程量变化和其他工程条件变化所引起的费用变化也可以进行调整。因此，通货膨胀等不可预见因素的风险由业主承担，对承包商而言，其风险相对较小，但对业主而言，不利于其进行投资控制，突破投资的风险就增大了。

所谓总价合同是指支付承包方的款项在合同中是一个"规定的金额"，即总价。

总价合同的主要特征：一是价格根据确定的由承包方实施的全部任务，按承包方在投标报价中提出的总价确定；二是持实施的工程性质和工程量应在事先明确商定。

总价合同又可分为固定总价合同和可调值总价合同两种形式。

固定总价合同特点：

固定总价合同的价格计算是以图纸及规定、规范为基础，承发包双方就施工项目协商一个固定的总价，由承包方一笔包死，不能变化。采用这种合同，合同总价只有在设计和工程范围有所变更的情况下才能随之做相应的变更，除此之外，合同总价是不能变动的。因此，作为合同价格计算依据的图纸及规定、规范应对工程作出详尽的描述，一般在施工图设计阶段，施工详略已完成的情况下。采用固定总价合同，承包方要承担实物工程量、工程单价、地质条件、气候和其他一切客观因素造成亏损的风险。在合同执行过程中，承发包双方均不能因为工程量、设备、材料价格、工资等变动和地质条件恶劣、气候恶劣等理由，提出对合同总价调值的要求，因此承包方要在投标时对一切费用的上升因素做出估计并包含在投标报价之中。因此，这种形式的合同适用于工期较短（一般不超过一年），对最终产品的要求又非常明确的工程项目，这就要求项目的内涵清楚，项目设计图纸完整齐全，项目工作范围及工程量计算依据确切。

可调总价合同特点：

可调值总价合同的总价一般也是以图纸及规定、规范为计算基础，但它是按"时价"进行计算的，这是一种相对固定的价格。在合同执行过程中，由于通货膨胀而使所用的工料成本增加，因而对合同总价进行相应的调值，即合同总价依然不变，只是增加调值条款。因此可调总价合同均明确列出有关调值的特定条款，往往是在合同特别说明书中列明。调值工作必须按照这些特定的调值条款进行。这种合同与固定总价合同不同在于，它对合同实施中出现的风险做了分摊，发包方承担了通货膨胀这一不可预测费用因素的风险，而承包方只承担了实施中实物工程量成本和工期等因素的风险。可调值总价合同适用于工程内容和技术经济指标规定很明确的项目，由于合同中列明调值条款，所以在工期一年以上的项目较适于采用这种合同形式。

（3）合同示范文本的种类

合同示范是由国家工商行政管理总局❶会同有关专业部门联合制定的，包括合同主要条款和式样，具有规范性、指导性合同文本格式。合同法律、行政法规只能对当事人权利、义务作出原则性规定，而合同示范文本则分别从不同角度、针对不同行业特点，具体地规范了当事人的签约行为，它为《民法典》的贯彻实施起到了很好的保证作用。

制定机关

① 由国家工商总局制定并发布。

② 由国务院有关业务主管部门制定，经国家工商总局审定、编号后，会同各制定部门联合发布。

③ 由国家工商总局会同国务院有关业务主管部门根据实际需要制定并发布。

④ 由当地工商局制定并发布。

⑤ 由地方有关业务主管部门制定，经当地工商局审定、编号后，会同各制定部门联合发布。

⑥ 由当地工商局会同有关业务主管部门根据实际需要制定并发布。

按照《工商总局关于制定推行合同示范文本工作的指导意见》（工商审字〔2015〕178号）规定，合同示范文本，是指工商和市场监管部门根据《合同法》及相关法律法规规定，针对特定行业或领域，单独或会同有关行业主管部门制定发布，供当事人在订立合同时参照使用的合同文本。

合同示范文本由省级或省级以上工商和市场监管部门单独或会同有关行业主管部门制定。市级及市级以下工商和市场监管部门可以制定合同范本，在本辖区内推行，供当事人参照使用。省级工商和市场监管部门对上述合同范本审定后，可以以合同示范文本的形式向社会发布。

制定合同示范文本，应当遵循合法合规、公平合理、尊重意思自治和主动公开的原则。合同示范文本内容，一般应当包括各方当事人的名称或者姓名和住所、标的、数量、质量、价款或者报酬、履行期限、地点和方式、违约责任和解决争议的方法等基本内容。内容应当尽量全面详实，并充分考虑文本适用行业或领域的特殊性。

对于合同当事人利用、冒用合同示范文本，实施侵害消费者权益、危害国家利益和社会公共利益等合同违法行为的，各级工商和市场监管部门一经发现，应当按照《合同违法行为监督处理办法》以及其他有关规定进行处理。

国家市场监督管理总局发布的 509 个合同示范文本（截至 2020 年 9 月 11 日）如下。

国家市场监督管理总局部委合同示范文本（共 95 个）

一、买卖合同

1　工业品买卖合同（GF—2000—0101）

2　化肥买卖合同（GF—2000—0102）

3　农药买卖合同（GF—2000—0103）

4　木材买卖（订货）合同（GF—2000—0104）

5　家具买卖合同（GF—2000—0105）

6　地质机械仪器产品买卖合同（GF—2000—0106）

---

❶　2018 年 3 月，不再保留国家工商行政管理总局，组建国家市场监督管理总局。

7　民用爆破器材买卖合同（GF—2001—0107）

8　煤矿机电产品买卖合同（GF—2000—0108）

9　煤炭买卖合同（GF—1999—0109）

10　建材买卖合同（GF—2008—0111）

11　钢材买卖（订货）合同（GF—2008—0112）

12　水泥买卖合同（GF—2008—0113）

13　木材买卖合同（GF—2008—0114）

14　烟花爆竹安全买卖合同（GF—2012—0115）

15　二手车买卖合同（GF—2015—0120）

16　汽车买卖合同（GF—2015—0121）

17　农副产品买卖合同（GF—2000—0151）

18　粮食买卖合同（GF—2000—0152）

19　棉花买卖合同（GF—2000—0153）

20　生鲜乳购销合同（GF—2016—0157）

21　商品房买卖合同（预售）（GF—2014—0171）

22　商品房买卖合同（现售）（GF—2014—0172）

二、建设工程合同

23　建设工程施工合同（GF—2017—0201）

24　建设工程监理合同（GF—2012—0202）

25　建设工程勘察合同（GF—2016—0203）

26　建筑装饰工程施工合同（甲种本）（GF—96—0205）

27　建筑装饰工程施工合同（乙种本）（GF—96—0206）

28　家庭居室装饰装修工程施工合同（GF—2000—0207）

29　水利水电土建工程施工合同条件（GF—2000—0208）

30　建设工程设计合同（房屋建筑工程）（GF—2015—0209）

31　建设工程设计合同（专业建设工程）（GF—2015—0210）

32　水利工程施工监理合同（GF—2007—0211）

33　建设工程造价咨询合同（GF—2015—0212）

34　建设工程施工专业分包合同（GF—2003—0213）

35　建设工程施工劳务分包合同（GF—2003—0214）

36　工程建设项目招标代理合同（GF—2005—0215）

37　建设项目工程总承包合同（GF—2020—0216）

三、承揽合同

38　加工合同（GF—2000—0301）

39　定作合同（GF—2000—0302）

40　承揽合同（GF—2000—0303）

41　广告发布业务合同（GF—92—0305）

42　测绘合同（GF—2000—0306）

43　修缮修理合同（GF—2000—0307）

四、运输合同

水陆联运货物运输合同

44 水陆联运货物运单 (GF—91—0401)

水陆联运货物承运收据 (GF—91—0401)

铁路货物运输合同

45 ____年____月份要车计划表 (GF—91—0402)

铁路局货物运单 (GF—91—0402)

46 铁路局货物运单 (GF—91—0403)

水路货物运输合同

47 _____年_____月度水路货物运输合同 (GF—91—0404)

48 航次租船合同 (GF—91—0405)

49 ____水路货物运单 (GF—91—0406)

50 水水联运货物运单 (GF—91—0407)

51 ____年____月度港口作业合同 (GF—91—0408)

52 港口作业委托单 (GF—91—0409)

53 国内快递服务协议 (GF—2008—0410)

五、用电，水，气，热，合同

54 城市供用水合同 (GF—1999—0501)

55 城市供用气合同 (GF—1999—0502)

56 城市供用热力合同 (GF—1999—0503)

57 购售电合同 (GF—2021—0511)

58 并网调度协议示范文本 (GF—2021—0512)

59 新能源场站并网调度协议 (GF—2021—0513)

60 电化学储能电站并网调度协议 （试行）(GF—2021—0514)

61 光伏电站购售电合同 (GF—2014—0517)

62 光伏电站并网调度协议 (GF—2014—0518)

六、租赁合同

63 房屋租赁合同 (GF—2000—0602)

64 柜台租赁经营合同 (GF—2013—0603)

65 建筑施工物资租赁合同 (GF—2000—0604)

66 人民防空工程租赁使用合同 (GF—2002—0605)

七、保管合同

67 保管合同 (GF—2000—0801)

八、仓储合同

68 仓储合同 (GF—2000—0901)

九、委托合同

69 委托合同 (GF—2000—1001)

70 自费出国留学中介服务合同 (GF—2016—1002)

71 设备监理合同 (GF—2010—1003)

4. 自拟合同的法律规定

自拟合同是指合同双方当事人在特殊情况下或根据自身需要，没有采用合同示范文本，需要双方自拟的合同。《民法典》第470条规定：当事人可以参照各类合同的示范文本签订合同。

自拟合同的内容由当事人约定，一般应包括以下条款：

（一）当事人的名称或者姓名和住所。

（二）标的。

（三）数量。

（四）质量。

（五）价款或者报酬。

（六）履行期限、地点和方式。

（七）违约责任。

（八）解决争议的方法。

合同标的是合同法律关系的客体，是合同当事人权利和义务共同指向的对象。标的是合同成立的必要条件，没有标的，合同不能成立。标的条款必须清楚地写明标的的名称，以使标的特定化，从而能够界定权利义务。

违约责任是指当事人一方或者双方不履行合同或者不适当履行合同，依照法律的规定或者按照当事人的约定应当承担的法律责任。违约责任是促使当事人履行合同义务，使对方免受或少受损失的法律措施，也是保证合同履行的主要条款（如约定定金、赔偿金额以及赔偿金的计算方法等）。

对于某些有特殊要求，当事人确需自行印制合同文本的，须经所在地省、自治区、直辖市工商行政管理局审查同意后，方可制订和印刷。印制的合同文本只限本单位使用，不得对外销售。原有的合同文本，经所在地省、自治区、直辖市、计划单列市工商行政管理局审查同意，在限期内可以继续使用。印制、分发、使用单位对合同示范文本的保管与使用，要建立必要的管理制度。

5. 合同争议的解决途径、方式和诉讼时效

合同争议是指合同的当事人双方在签订、履行和终止合同的过程中，对所订立的合同是否成立、生效、合同成立的时间、合同内容的解释、合同的履行、合同责任的承担以及合同的变更、解除、转让等有关事项产生的纠纷。《民法典》第 233 条规定：物权受到侵害的，权利人可以通过和解、调解、仲裁、诉讼等途径解决。《仲裁法》第 4 条规定：当事人采用仲裁方式解决纠纷，应当双方自愿，达成仲裁协议。没有仲裁协议，一方申请仲裁的，仲裁委员会不予受理；《仲裁法》第 62 条规定：当事人应当履行裁决。一方当事人不履行的，另一方当事人可以依照民事诉讼法的有关规定向人民法院申请执行。受申请的人民法院应当执行。

（1）合同争议解决的途径及方式

1）协商解决。协商是指合同纠纷发生后，由合同当事人就合同争议的问题进行磋商，双方都作出一定的让步，在彼此都认为可以接受的基础上达成和解协议的方式。协商在合同各方当事人之间进行，一般没有外界参与。

2）和解与调解。和解是指当事人自行协商解决因合同发生的争议。调解是指在第三人的主持下协调双方当事人的利益，使双方当事人在自愿的原则下解决争议的方式。和解、调解可以在诉讼外进行，也可以在诉讼中某个阶段进行。用和解和调解的方式能够便捷地解决争议，省时、省力，又不伤双方当事人的和气，因此，提倡解决合同争议首先利用和解和调解的方式。当事人不愿和解、调解或者和解、调解不成功的，可以根据达成的仲裁协议申请仲裁。但和解与调解并非当事人申请仲裁或提起诉讼的必经程序。《民事诉讼法》第 9 条规定：人民法院审理民事案件，应当根据自愿和合法的原则进行调解；调解不成的，应当及时判决。第 99 条规定：调解达成协议，必须双方自愿，不得强迫。调解

协议的内容不得违反法律规定。第 100 条规定：调解达成协议，人民法院应当制作调解书。调解书应当写明诉讼请求、案件的事实和调解结果。

3）仲裁。仲裁是指合同当事人根据仲裁协议将合同争议提交给仲裁机构并由仲裁机构作出裁决的方式。仲裁机构是依照法律规定成立的专门裁决合同争议的机构。仲裁机构作出的裁决具有法律约束力。仲裁机构不是司法机关，其裁决程序简便，处理争议较快。当事人发生合同纠纷，可以根据事先或者事后达成的仲裁协议向仲裁机构申请仲裁。涉外合同的当事人不仅可以约定向中国仲裁机构申请仲裁，也可以约定向国外的仲裁机构申请仲裁。

仲裁协议有两种类型：一种是各方当事人在争议发生前订立的，表示愿意将将来发生的争议提交仲裁机构解决的协议，这种协议一般包括在合同当中而作为合同的一项条款，被称为仲裁条款；另一种是当事人在争议发生后订立表示愿意将合同争议提交仲裁机构解决的协议。仲裁协议的内容一般包括仲裁的内容、仲裁地点、仲裁机构等。申请仲裁需要合同双方当事人订立仲裁协议，没有订立仲裁协议，一方当事人不能申请仲裁。当事人没有订立仲裁协议或者订立的仲裁协议无效，可以向人民法院起诉，通过诉讼解决合同争议。

4）起诉。起诉必须具备民事诉讼法规定的相关实质要件。值得注意的是，当事人应当根据实际情况选择其中的一个或几个方式，但是，如果当事人一旦选择了仲裁的方式就不能再向人民法院起诉。人民法院的判决、裁定、调解书和仲裁机构的裁决书是发生法律效力的法律文书，当事人应当自动履行；拒不履行的，对方当事人可以申请人民法院强制执行。

（2）合同争议解决的诉讼时效

所谓诉讼时效，是指权利人在法定的期间内，没有行使自己的权利，法院即不再依诉讼程序强制债务人履行其民事义务的一种法律制度。

1）诉讼时效的法律效力

《民法典》实际上主张诉讼时效届满以后，权利人仅丧失请求法院通过强制力来使自己的权利得以实现的权利。因此，我国诉讼时效的法律依据即是：

① 债务人可以拒绝履行债务

权利人在法律规定的期间内不行使其权利，债务人即可以认为其放弃了自己的权利。诉讼时效届满，虽然债务并未免除，但即使债务人不履行债务他也无须承担任何民事责任。而其主债的诉讼时效期满以后，相应的从债也因此而诉讼时效期间届满。不过诉讼时效的效力不及于起诉权。

② 法院对债务人即不再使用强制履行的办法

虽然诉讼时效届满以后，法院就不能再依诉讼程序强制义务人履行债务。但由于债务人仍然可以向法院提起诉讼，要求法院对影响时效开始计算的中止、中断等原因进行了解。故可见，诉讼时效期满丧失的既不是实体权利，也不是起诉权，而仅仅是"胜诉权"，即请求权。

③ 受领权不受诉讼时效的限制

诉讼时效届满以后，胜诉权消灭，但实体权利本身并没有消灭，仅仅是此种权利丧失了国家强制力的保护。所以，如果债务人仍然履行债务的，不但债权人依然有权受领，而且，义务人在自愿履行以后，不得以自己不知时效届满为理由而请求返还。诉讼时效届满以后，债务人的债务即变成了所谓的"自然债务"。《民法典》第192条规定：诉讼时效期间届满后，义务人同意履行的，不得以诉讼时效期间届满为由抗辩；义务人已经自愿履行的，不得请求返还。

2）诉讼时效的范围

诉讼时效的范围又称诉讼时效的客体，无非是指哪些权利才应当适用诉讼时效。《民法典》第196条规定，下列请求权不适用诉讼时效的规定：请求停止侵害、排除妨碍、消除危险；不动产物权和登记的动产物权的权利人请求返还财产；请求支付抚养费、赡养费或者扶养费；依法不适用诉讼时效的其他请求权。对于诉讼时效的客体包括债权的请求权当然已无争议。其包括基于合同债权的请求权；基于侵权行为的请求权；基于无因管理和不当得利的请求权。其他如防卫过当和紧急避险过当的赔偿请求权。

3）诉讼时效期间的种类

① 普通诉讼时效。向人民法院请求保护民事权利的诉讼时效期间为3年，法律另有规定的除外。

② 特别诉讼时效期间。

《民法典》第189条规定：当事人约定同一债务分期履行的，诉讼时效期间自最后一期履行期限届满之日起计算。《民法典》第190条规定：无民事行为能力人或者限制民事行为能力人对其法定代理人的请求权的诉讼时效期间，自该法定代理终止之日起计算。《民法典》第191条规定：未成年人遭受性侵害的损害赔偿请求权的诉讼时效期间，自受害人年满十八周岁之日起计算。

③ 最长诉讼时效期间。

从权利被侵害之日起超过20年的，人民法院不予保护。

4）诉讼时效期间的起算

普通诉讼时效和特别诉讼时效的期间从知道或应当知道权利被侵害时计算。

在下列情况下，诉讼时效期间的计算方法是：

① 附延缓条件的债权，从条件成就之时开始计算，但如果还定有履行期间，则从履行期限届满之时开始计算；

② 附始期的债权，从始期到来之时开始计算，但如果还定有履行期限，则从履行期限届满之时开始计算；

③ 未定履行期限的债权，从权利成立之时开始计算；

④ 定有履行期限的债权，从履行期限届满之时开始计算。

5）诉讼时效期间的中止

在诉讼时效期间的最后6个月内，因不可抗力或其他障碍不能行使请求权的，诉讼时效中止。从中止时效的原因消除之日起，诉讼时效期间继续计算。在诉讼时效期间的最后6个月内，权利被分割的无民事行为能力人、限制民事行为能力人没有法定代理人，或法定代理人死亡、丧失代理权、法定代理人本人丧失行为能力的，可以认定因其他障碍不能行使请求权。

6）诉讼时效的中断

诉讼时效因提起诉讼，当事人一方提出要求或同意履行义务时中断。从中断时起，诉讼时效期间重新计算。诉讼时效中断可以数次发生，但要受到 20 年最长诉讼时效的限制。

7）诉讼时效期间的延长

诉讼时效的延长，指在诉讼时效期间届满以后，权利人因有正当理由，向人民法院提出请求的，人民法院可以把法定时效期间予以延长。

普通诉讼时效、特别诉讼时效和 20 年的最长诉讼时效都适用关于延长的规定。

（二）劳务分包合同管理

1. 劳务分包合同签订的流程

承包人和劳务分包人的劳务分包合同签订的流程根据合同发包方式的不同而不同。

（1）在招标阶段，建筑施工企业要认真编制招标文件，一方面明确分包商的义务和责任；另一方面还要将工程建设的各项标准通过招标文件标示清楚，从而提示建筑工程的风险，以供承包商进行抉择。

（2）在签订分包合同的过程中，建筑施工企业首先必须认真审查分包企业的有关资质。按照《最高人民法院关于审理建设工程施工合同纠纷案件适用法律问题的解释》的相关规定，如果分包企业没有取得建筑施工资质，那么签订的施工合同无效。在这种情况下建筑施工企业就必须认真审查劳务分包企业的资质，在确认其资质确实达到国家规定的标准后才与之签订相关合同，只有这样，才能规避风险，避免造成更大的损失。

（3）双方协商达成一致意思表示，发包方和承包方按照住房和城乡建设部、国家市场监督管理总局颁发的《建设工程施工劳务分包合同（示范文本）》签订合同。

（4）合同签订后，到相关部门进行合同备案。

2. 劳务分包合同条款

目前使用的《建设工程施工劳务分包合同（示范文本）》没有采用三段式合同结构（即协议书、通用条款、专用条款），而是采用格式合同方式。施工总承包人或专业工程承包人或专业工程分包人都可以直接与劳务分包人签订施工劳务分包合同。

《建设工程施工劳务分包合同（示范文本）》共有 35 个条款，分别为：劳务分包人资质情况；劳务分包工作对象及提供劳务内容；分包工作期限；质量标准；合同文件及解释顺序；标准规范；总（分）包合同；图纸；项目经理；工程承包人义务；劳务分包人义务；安全施工与检查；安全防护；事故处理；保险；材料、设备供应；劳务报酬；工时及工程量的确认；劳务报酬的中间支付；施工机具、周转材料供应；施工变更；施工验收；施工配合；劳务报酬最终支付；违约责任；索赔；争议；禁止转包或再分包；不可抗力；文物和地下障碍物；合同解除；合同终止；合同份数；补充条款；合同生效。

《建设工程施工劳务分包合同（示范文本）》共有 3 个附件，分别为：附件 1——工程承包人供应材料、设备、构配件计划；附件 2——工程承包人提供施工机具、设备一览表；附件 3——工程承包人提供周转、低值易耗材料一览表。

3. 劳务分包合同价款的确定

劳务分包合同价款的确定一般有以下三种方式:

(1) 定额单价(工日单价)

定额人工工日单价包括基本工资、工资性补贴、生产工人辅助工资、职工福利费、生产工人劳动保护费等内容,该单价为建设工程计价依据中人工工日单价的平均水平,是计取各项费用的计算基础,不是强制性规定,是作为建设市场有关主体工程计价的指导。

(2) 按工种计算劳务分包工程造价

具体计算公式如下:

$$劳务分包单价＝人工单价×(1＋管理费率＋利润率)×(1＋规费率)$$

$$劳务分包工程造价＝劳务分包单价×人工数量$$

(3) 按分项工程建筑面积确定承包价

$$每平方米建筑面积单价＝人工单价×完成每平方米建筑面积所需人工$$
$$数量×(1＋管理费率＋利润率)×(1＋规费率)$$

$$劳务分包工程造价＝每平方米建筑面积单价×建筑面积$$

建筑面积按照国家标准《建筑工程建筑面积计算规范》的规定计算。

上述公式中,人工单价、管理费、利润、规费等分别按照以下规定确定或计算:

1) 人工单价:参照工程所在地建设工程造价行政管理部门发布的市场人工单价确定;

2) 管理费:以人工费为基础,其费率为 4%～7%,具体由劳务分包企业结合工程实际自主确定;

3) 利润:以人工费为基础,其费率为 3%～5%,具体由劳务分包企业结合工程实际自主确定;

4) 规费:包括社会保险费、外来工调配费、住房公积金等,严格按政府有关部门规定计算,列入不可竞争费。

4. 劳务合同履约过程管理

在劳务分包合同履约过程中,建筑施工企业要认真核查劳务分包公司的现场管理机构,核查劳务分包公司相关源,要加大对人力资源、设备资源、营地设施的监督检查力度,避免出现不必要的风险。针对目前劳务市场存在较多的以劳务分包之名进行专业分包甚至转包的违法行为,2014 版劳务分包合同明确约定,承包人不得要求劳务分包人提供或采购大型机械、主要材料,承包人不得要求劳务分包人提供或租赁周转性材料,以此强化劳务分包人仅提供劳务作业的合同实质,以促进劳务市场的有序发展。承包人应向劳务分包人提供一份总(分)承包合同的副本或复印件,但有关总(分)包合同的价格和涉及商业秘密的除外。劳务分包合同的签订视为劳务分包人已全面了解总(分)包合同各项规定。在施工准备过程中,要大力加强劳务人员的入场教育,既要从施工技术上对他们进行教育,又要从安全方面对他们进行教育,从而保证建设施工的质量和避免安全事故的发生。在施工实施过程中,建筑施工企业要认真保留劳务人员进入工程建设场地之前的书面安全以及技术交底的证据,并要求每个劳务人员签字。为保证建筑施工过程中的安全规范操作,建筑施工企业要坚持定期召开例会制度,还可以和劳务人员签订违反安全操作规范的惩罚制度，从制度上保证劳务人员的安全操作规范，避免风险事故的发生。为保证建筑施工质量，建筑施工企业还要认真加强工序质量监督、施工进度监督、安全生产和文明施工监督、设备使用管理监督、劳务人员工资发放监督、竣工验收监督等各项监督措施，防患于未然。

5. 劳务分包合同审查

劳务分包合同的审查主要是通过劳务分包合同的备案制度进行审查。劳务分包合同的审查流程为：

（1）建设工程劳务作业承发包双方应当在劳务作业队伍进场前签订劳务分包合同，并在合同订立后 7 个工作日内，持 3 份《劳务分包合同》原件（1 本备案后留存）、《劳务分包工程交易单》（或《劳务分包中标通知书》）到各地相关部门办理劳务分包合同备案手续。

（2）合同内容发生变更时，劳务作业发包人应在合同变更后的 7 个工作日内，到相应主管部门办理合同变更登记手续。

（3）收齐备案资料后，对符合备案要求的劳务分包合同加盖《当地建设劳务分包合同登记专用章》，同时发给《当地建设工程劳务分包施工登记证》和《劳务分包明示牌》。

（4）建设工程劳务作业承发包双方应使用建设部、国家工商行政管理总局颁发的《建设工程施工劳务分包合同（示范文本）》签订合同。

（5）提请备案的劳务分包合同有下列情形之一的，不予办理备案：

1）签订合同的主体不合法或劳务分包内容与其企业资质不相符的；

2）单项劳务分包合同额超过企业注册资本金的 5 倍；

3）未进入当地市建筑业劳务交易中心公开交易，或者合同价与中标价不符的；

4）未明确劳务作业承发包双方单位的投诉受理人姓名及联系电话的；

5）未明确施工现场劳务负责人或劳务负责人未取得《劳务项目负责人岗位手册》的；

6）合同中劳务内容、支付时间、工作期限、质量标准、劳务负责人、承发包人义务、劳务报酬计算方式、结算方式、支付形式以及争议解决方式等约定不明的；

7）备案材料不全的；

8）存在其他违反法律、法规、规章情形的。

（6）办理劳务分包合同备案后，企业应将备案的劳务分包合同存于施工现场备查，并在施工现场显著位置悬挂《当地建设工程劳务分包施工登记证》和《劳务分包明示牌》。

（7）审查分包合同签约主体资格

签订分包合同前要强化对签约对象的合法性审查，了解其基本情况，以规避签约风险，同时完善以下资料的审核、收集工作。

1）证照审查：区分营业执照，看其是持《企业法人营业执照》的独立法人，还是持《营业执照》分支机构或其他经济组织，其意义在于两者主体均可签订合同，但签订建筑施工合同、劳务分包等合同主体应当是持《企业法人营业执照》的法人单位，因建筑施工领域奉行"项目法人负责制"，企业法人部门单位，较为常见的是项目部未经授权无权签订分包合同。

2）资质审查：《建筑业企业资质管理规定》国家对从事土木工程、建筑工程、线路管道设备安装工程、装修工程活动的建筑业企业实行资质管理，应审查签订分包合同的主体是否具有相关资质。最高院《关于审理建设工程施工合同纠纷案件适用法律问题的解释》（法释〔2020〕25号）规定，未取得资质、借用资质、超越资质签订的合同均属无效合同。

3）经办人审查：经办人系法定代表人的，可直接签订分包合同，无需单位授权；之外的任何委托代理人，应持单位出具的《授权委托书》及其身份证复印件，明确其身份和授权范围后方可签约。

建筑工程领域内的合同涉及标的大，影响面广，《民法典》第798条规定该领域所签合同应当采用书面形式，分包合同亦不例外。签订合同的同时应强化、完善证据意识，注意收集签约对方的《企业法人营业执照》和《组织代码证》《建筑企业资质证书》《企业法人授权委托书》及委托代理人身份证复印件等各项资料，上述资料均需加盖单位公章以便今后核对真假。

附：

《政府采购非招标采购方式管理办法》经2013年10月28日财政部部务会议审议通过，2013年12月19日中华人民共和国财政部令第74号公布。该《办法》分总则、一般规定、竞争性谈判、单一来源采购、询价、法律责任、附则7章62条，自2014年2月1日起施行。

第一章 总则

第一条 为了规范政府采购行为，加强对采用非招标采购方式采购活动的监督管理，维护国家利益、社会公共利益和政府采购当事人的合法权益，依据《中华人民共和国政府采购法》（以下简称政府采购法）和其他法律、行政法规的有关规定，制定本办法。

第二条 采购人、采购代理机构采用非招标采购方式采购货物、工程和服务的，适用本办法。

本办法所称非招标采购方式，是指竞争性谈判、单一来源采购和询价采购方式。竞争性谈判是指谈判小组与符合资格条件的供应商就采购货物、工程和服务事宜进行谈判，供应商按照谈判文件的要求提交响应文件和最后报价，采购人从谈判小组提出的成交候选人中确定成交供应商的采购方式。

单一来源采购是指采购人从某一特定供应商处采购货物、工程和服务的采购方式。询价是指询价小组向符合资格条件的供应商发出采购货物询价通知书，要求供应商一次报出不得更改的价格，采购人从询价小组提出的成交候选人中确定成交供应商的采购方式。

第三条 采购人、采购代理机构采购以下货物、工程和服务之一的，可以采用竞争性谈判、单一来源采购方式采购；采购货物的，还可以采用询价采购方式：

（一）依法制定的集中采购目录以内，且未达到公开招标数额标准的货物、服务；

（二）依法制定的集中采购目录以外、采购限额标准以上，且未达到公开招标数额标准的货物、服务；

（三）达到公开招标数额标准、经批准采用非公开招标方式的货物、服务；

（四）按照招标投标法及其实施条例必须进行招标的工程建设项目以外的政府采购工程。

参 考 文 献

[1] 全国一级建造师职业资格考试用书编写委员会. 建设工程法规及相关知识［M］. 北京：中国建筑工业出版社，2022.

[2] 胡兴福. 建筑结构（第三版）［M］. 北京：中国建筑工业出版社，2014.

[3] 姚谨英. 建筑施工技术（第七版）［M］. 北京：中国建筑工业出版社，2022.

[4] 本书编写组. 建筑施工手册（第四版）［M］. 北京：中国建筑工业出版社，2003.

[5] 全国二级建造师职业资格考试用书编写委员会. 建设工程施工管理［M］. 北京：中国建筑工业出版社，2021.

[6] 焦宝祥. 土木工程材料［M］. 北京：高等教育出版社，2009.

[7] 魏鸿汉. 建筑材料（第六版）［M］. 北京：中国建筑工业出版社，2021.

[8] 杨正善，吕惠琴. 当代劳动法理论与实务［M］. 广州：华南理工大学出版社，2010.

[9] 路焕新，李科蕾. 劳动法概论与实务［M］. 天津：天津大学出版社，2010.

[10] 王桦宇. 劳动合同法实务操作与案例精解［M］. 北京：中国法制出版社，2012.

[11] 剧宇宏. 劳动与社会保障法实务［M］. 北京：中国法制出版社，2012.

[12] 汪永清. 信访条例释义［M］. 北京：中国法制出版社，2005.

[13] 马福谦. 常见信访问题解答［M］. 北京：法律出版社，2012.

[14] 吴涛，王彤宙，尤完等. 建筑劳务管理［M］. 北京：中国建筑工业出版社，2012.

[15] 刘伊生，尤完等. 中小建筑企业经营管理者培训教材［M］. 北京：中国建筑工业出版社，2009.

[16] 吴涛，王要武，尤完，贾宏俊等. 现代建筑企业管理［M］. 北京：中国建筑工业出版社，2012.

[17] 全国一级建造师执业资格考试用书编写委员会. 建设工程经济［M］. 北京：中国建筑工业出版社，2022.

[18] 韩世远. 合同法总论（第四版）［M］. 北京：法律出版社，2018.

[19] 国家人口和计划生育委员会流动人口服务管理司. 流动人口理论与政策综述报告［M］. 北京：中国人口出版社，2010.

[20] 高正文. 建设工程法律与合同管理［M］. 北京：机械工业出版社，2011.

[21] 王治祥. 现代建筑业企业人力资源管理实务［M］. 郑州：黄河水利出版社，2011.

[22] 彭剑锋. 人力资源管理概论（第三版）［M］. 上海：复旦大学出版社，2018.

[23] 刘昕. 薪酬管理（第6版）［M］. 北京：中国人民大学出版社，2021.

[24] 宋勇，齐景华. 建筑企业财务管理［M］. 北京：北京理工大学出版社，2009.

[25] 贺志东. 建筑施工企业财务管理［M］. 北京：广东经济出版社，2010.

[26] 裴建娜，赵云秀. 建设工程项目管理［M］. 北京：中国铁道出版社，2020.